# 商业发型的

# 修

剪

职业教育美发专业 系\列\教\材

图文视听一体
岗课赛证融通
校企合作共建

U0240717

何先泽 主编

西南大学出版社
国家一级出版社 全国百佳图书出版单位

**图书在版编目(CIP)数据**

商业发型的修剪 / 何先泽主编. — 重庆:西南大学出版社, 2024.4
ISBN 978-7-5697-1396-1

Ⅰ.①商… Ⅱ.①何… Ⅲ.①理发 Ⅳ.①TS974.2

中国版本图书馆CIP数据核字(2022)第222590号

# 商业发型的修剪

SHANGYE FAXING DE XIUJIAN

### 何先泽 主编

| | |
|---|---|
| **总 策 划** | 杨 毅　杨景罡 |
| **执行策划** | 钟小族　路兰香 |
| **责任编辑** | 翟腾飞 |
| **责任校对** | 路兰香 |
| **整体设计** | 魏显锋 |
| **排　　版** | 贝 岚 |
| **出版发行** | 西南大学出版社 |
| | 重庆·北碚　邮编:400715 |
| **印　　刷** | 重庆市国丰印务有限责任公司 |
| **幅面尺寸** | 185mm×260mm |
| **印　　张** | 9.25 |
| **字　　数** | 153千字 |
| **版　　次** | 2024年4月　第1版 |
| **印　　次** | 2024年4月　第1次 |
| **书　　号** | ISBN 978-7-5697-1396-1 |
| **定　　价** | 59.00元 |

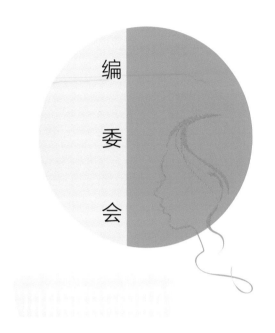

编委会

教学参考资源

# 序言

　　美发是极具生命力和青春气息的现代服务业之一，因其为广大民众日常生活所需，逐渐成为新兴服务业中的优势行业。千姿百态的发型，或体现优雅高贵，或体现干练率性，美发师要创作出不同的发型，既要有丰富的想象力，也要掌握发式设计与造型的基本原理，具备扎实的操作技能。

　　在我国，职业学校(含技工学校)是培养美发专业人才的主要场所。国家专门制定了美发师国家职业技能标准，规范人才培养模式，提升人才专业技能。行业性的、国家性的、国际性的美发专业技能大赛开展得热火朝天，比赛中人才辈出。为更好推进美发行业高质量发展，大力提高美发从业人员的学历层次，培养具有良好职业道德和较强操作技能的高素质专业人才成为当务之急。有鉴于此，我们依据美发师国家职业技能标准，结合职业教育学生的学习特点，融合市场应用和各级技能大赛的标准编写了该套"职业教育美发专业系列教材"。

　　"职业教育美发专业系列教材"共6本，涉及职业教育美发专业基础课程和核心课程。《生活烫发》为烫发的基础教材，共5个模块18个任务，既介绍了烫发的发展历史、烫发工具、烫发产品的类别及使用等基础知识，又介绍了锡纸烫、纹理烫、螺旋卷烫等基本发型的操作要点。《头发的简单吹风与造型》是吹风造型的基础教材，由4个模块13个任务组成，依次介绍了吹风造型原理、吹风造型的必备工具和使用要点、吹风造型的手法和技巧以及内扣造型等5个典型女士头发吹风造型的关键操作步骤。《生活发式的编织造型》为头发编织造型的基础教材，共4个模块15个任务，除了介绍编织头发的主要工具和产品等基础知识，还介绍了二股辫、扭绳辫、蝴蝶辫等典型发型的编织方法。《商业烫发》《商业发型的修剪》《商业发式的辫盘造型》较前3本而言专业性更强，适合有一定专业基础的学生学习，可作为专业核心课程教材使用。

　　教材编写把握"提升技能，涵养素质"这一原则，采用"模块引领，任务驱动"的项目式体例，选取职业学校学生需要学习的典型发型和必须掌握的训练项目，还原实践场景，将团结协作精神、创新精神、工匠精神等核心素养融入其中。在每个模块中,明确提出学习目标并配有"模块习题",让学生带着明确的目标进行学习,在学习之后进行复习巩固;在每个任务中,以"任务描述""任务准备""相关知识""任务实施""任务评价"的形式引导学生在实例分解操作过程中领悟和掌握相关技能、技巧,为学生顺利上岗和尽快适应岗位要求储备技能和素养。

教材由校企联合开发,作者不仅为教学能手,还具有丰富的比赛经验、教练经验。其中,三位主编曾先后获得"第43届世界技能大赛美发项目金牌""国务院政府特殊津贴专家""全国青年岗位技术能手""全国技术能手""中国美发大师""全国技工院校首届教师职业能力大赛服务类一等奖"等荣誉,被评为"重庆市特级教师""重庆市技教名师""重庆市技工院校学科带头人、优秀教师""重庆英才·青年拔尖人才""重庆英才·技术技能领军人才",受邀担任世界技能大赛美发项目中国国家队专家教练组组长、教练等。教材编写力求创新,努力打造自己的优势和特色:

1.注重实践能力培养。教材紧密结合岗位要求,将学生需要掌握的理论知识和操作技能通过案例的形式进行示范解读,注重培养学生的动手操作能力。

2.岗课赛证融通。教材充分融入岗位技能要求、技能大赛要求,以及职业技能等级要求,满足职业院校教学需求,为学生更好就业做好铺垫。

3.作者团队多元。编写团队由职业院校教学能手、行业专家、企业优秀技术人才组成,校企融合,充分发挥各自的优势,打造高质量教材。

4.视频资源丰富。根据内容不同,教材配有相应的微课视频,方便老师授课和学生自学。

5.图解操作,全彩色印制。将头发造型步骤分解,以精美图片配合文字的形式介绍发式造型的手法和技巧,生动地展示知识要点和操作细节,方便学生模仿和跟学。

本套教材的顺利出版得益于所有参编人员的辛劳付出和西南大学出版社的积极协调与沟通,在此向所有参与人员表达诚挚谢意。同时,教材编写难免有疏漏或不足之处,我们将在教材使用中进一步总结反思,不断修订完善,恳请各位读者不吝赐教。

## 目录 CONTENTS

**模块一**　　**发型修剪概述**　　　　　　　　　　**/1**

任务一　　发型简史的认识　　　　　　　　**/3**

任务二　　发型修剪手法的认识　　　　　　**/6**

模块习题　　　　　　　　　　　　　　　　**/10**

**模块二**　　**修剪工具及其使用方法**　　　　　　**/11**

任务一　　修剪工具的认识与运用　　　　　**/13**

任务二　　修剪结构的认识　　　　　　　　**/16**

模块习题　　　　　　　　　　　　　　　　**/23**

**模块三**　　**女士短发发型修剪**　　　　　　　　**/25**

任务一　　波波超短发发型修剪　　　　　　**/27**

任务二　　波波短发发型修剪　　　　　　　**/45**

任务三　　蘑菇头发型修剪　　　　　　　　**/56**

任务四　　光环发型修剪　　　　　　　　　**/65**

模块习题　　　　　　　　　　　　　　　　**/71**

**模块四**　　**女士边沿层次发型修剪**　　　　　　**/73**

任务一　　边沿低层次碎发修剪　　　　　　**/75**

任务二　　边沿中层次碎发修剪　　　　　　**/85**

任务三　　边沿高层次碎发修剪　　　　　　**/92**

模块习题　　　　　　　　　　　　　　　　**/100**

**模块五**　　**女士高层次发型修剪**　　　　　　　**/103**

任务一　　高层次超短发碎发修剪　　　　　**/105**

任务二　　方形层次短发碎发修剪　　　　　**/112**

任务三　　高层次+均等中发碎发修剪　　　**/133**

模块习题　　　　　　　　　　　　　　　　**/140**

## 学习目标

### 知识目标

1. 了解我国不同历史时期的发型特征。
2. 知道发型修剪的不同手法及注意事项。

### 技能目标

1. 熟悉不同类型发型修剪的特点。
2. 能根据不同的场合、脸型,正确判断剪发的类型。

### 素质目标

1. 发现我国传统发式的美,增强文化自信。
2. 养成从生活中发现美的习惯,提升审美素养。

# 任务一　发型简史的认识

## 任务描述

小丽是理发店的理发师助理,由于刚开始接触修剪,所以对我国发型发展的历史十分好奇。为了弄清楚这个问题,她开始查阅资料深入学习。

## 任务准备

1.查阅文献资料,了解我国发型的发展简史。

2.查阅文献资料,整理我国不同历史时期发型的样式。

## 相关知识

我国在很久以前是没有"理发"一词的,人们认为"身体发肤,受之父母",头发不能随便剃除。故当时的男女都留长发,只是盘发的方式不同。

汉代就有以理发为职业的工匠。

南北朝时期,梁(南朝)的贵族子弟都"削发剃面",那时已经出现了专职的理发师。

宋朝理发业已比较发达,有了专门制造理发工具的作坊。后来,理发逐渐发展成一种技艺,一个行业。宋元时期尊称手艺工匠为"待诏"。直到民国时期农村仍称理发师为"待诏"。

在元明两朝,人们理发更为普遍。清朝时期,统治者实行了严厉的"剃发令",男子只好无奈地剃掉前头顶上的头发。街上到处可见流动服务的"理发挑子"。

由于各朝代对头发的清洁卫生处理方法不同,所以有不同的称呼,元明时期叫"篦头"。清代叫"剃头",还有叫"剪头""推头"的。

清顺治年间,我国第一家理发店在奉天府(今沈阳)创建。

辛亥革命以后,许多在日本的中国理发师纷纷回国开设理发店。

五四运动后,随着民主科学思想传入,一些知识女性接受了妇女解放思想的启蒙,短发开始流行。

## 任务实施

根据对发型历史的认识,小组合作,分别派代表查找资料探索中西方不同历史时期发型修剪的主要特点,完成以下表单。

| 中 | | 西 | |
|---|---|---|---|
| 时期 | 特点 | 时期 | 特点 |
| | | | |
| | | | |
| | | | |
| | | | |
| | | | |

# 任务评价

任务评价卡

|  | 评价内容 | 分数 | 自评 | 他评 | 教师点评 |
|---|---|---|---|---|---|
| 1 | 能识别不同历史时期的发型 | 10 | | | |
| 2 | 能叙述各个历史时期发型的主要特点 | 10 | | | |
| 3 | 能收集三张不同历史时期的发型图片 | 10 | | | |
| **综合评价** | | | | | |

# 任务二 发型修剪手法的认识

**任务描述**

麦克是理发店的设计部总监,为给新入职的员工进行发型修剪培训,他需要准备一些与培训相关的资料。

**任务准备**

1.收集整理三张不同类型的发型修剪图片。

2.自主学习修剪的手法,并能叙述要点。

**相关知识**

美发造型是追求美、塑造美、创造美的艺术。通过剪、烫、染、编、盘等美发造型手法,可重塑发型的形态,改变外观。随着人们审美观点的转变、文化层次的提高,以及对美的不断追求,发型美作为人体仪表美的重要组成部分,日渐受到人们的重视。

修剪可以暂时改变发型层次、改变发型流向、改变头的外形,修饰脸型,弥补头型的不足。人们可根据不同风格的服饰、特定的场合,搭配不同的修剪发型,改变外观形象,甚至成为时尚焦点。

下面详细介绍发型修剪的5种常见手法。

## 一、夹剪

夹剪是手指夹住头发进行修剪的一种手法,使用非常频繁,其特点是操作方便。夹剪时先用梳子按顺序分发片将头发纵向或横向梳起,用左手中、食二指将其夹住,随梳子拉直,与头皮成一定角度,梳到发式所需要的长度,沿着手背或手心徐徐剪切。沿手背剪叫外夹剪,沿手心剪叫内夹剪。夹剪常用于确定头发长短和周围轮廓的层次。

注意事项:

(1)夹剪时注意夹起的每股头发要平直,且相互衔接。

(2)修剪头发的角度与层次有密切关系:一般平行分片夹剪形成低层次或一层次,而垂直分片夹剪则形成高层次。不同部位、不同角度的修剪形成不同的层次。

(3)顶部头发向上垂直分片水平修剪,则形成的层次比较适中;如向上修剪则形成低层次;向下修剪则形成高层次。

(4)侧部头发向侧面垂直分片剪,按90°角垂直修剪,层次比较适中;按45°角向上斜剪,则形成高层次;按45°角向下斜剪,则形成低层次。

## 二、抓剪

抓剪是用梳子梳理起一股头发,再用手指抓住这股头发进行修剪的手法。它与夹剪不同,夹剪夹起的头发成片状,而抓剪抓起的头发通常是一束,基部较大,发梢成尖形。抓剪通常用于顶部、两侧头发的修剪。

注意事项:

(1)抓剪时,抓起头发基部的宽度大小决定剪发后形成弧度的大小。一般抓起头发的基部大,剪后弧度大;反之,剪后弧度小。

(2)抓剪时,不同部位的抓剪形成不同的弧度。

(3)抓剪时,抓起头发后落剪的部位要适中,否则会影响头发的长度和所形成的弧度。

### 三、挑剪

挑剪是用梳子挑起一股头发，按照发式的要求，挑到一定的长度，剪掉多余的头发的一种手法。挑剪时剪刀与梳子要密切结合。挑剪常用于调整层次、修饰边缘轮廓。

注意事项：

（1）用梳子挑起一股头发，剪去露在梳齿外的过长头发，梳一股剪一股，梳子起引导作用。剪发时剪刀的不动刀刃应与梳背保持平行，剪得平齐。

（2）挑剪时要注意保持段差细腻均匀，避免造成脱节或过分密集。向上推进修剪时，要按各部位需要，依次沿不同方向向前推剪，注意段差和修饰密度。

（3）挑剪时要正确掌握挑起头发的角度。一般来讲，挑起头发的角度大则层次高，挑起头发的角度小则层次低。

（4）挑剪时应按头部弧形轮廓挑剪，不能平直地剪，这样容易剪出棱角。挑剪的头发不宜过多，要注意上下前后头发的衔接，不能有脱节现象。

### 四、锯剪

锯剪是使用锯齿剪刀进行剪发的一种手法。锯齿剪刀其中一片刀刃呈锯齿形，剪发后发量减少，发梢参差不齐。锯剪通常用于头发轮廓的修剪，使整个发型有飘逸感。

注意事项：

（1）锯剪时，剪刀与头发保持斜线向上或向下，不能平行地剪，否则不会形成重叠状，影响头发层次。

（2）锯剪的部位要在修剪前确定。一般来说，头发厚的部位要多剪，头发薄的部位要少剪，短发和头部两侧也要少剪。

### 五、削剪

削剪是削刀或剪刀在头发上快速滑动修剪头发的手法。削剪后发尖呈笔尖状，有轻盈感和动感。削剪常用于调整层次、修理轮廓及削薄头发。

注意事项:

(1)削剪时应注意方向的控制,否则会影响发型的流向。

(2)削剪时应注意削刀与头发的角度,一般呈20°~45°,角度大则笔尖形小,角度小则笔尖形大。

此外,发型修剪的手法还有:

(1)点剪,常用于制造发型的透空感。

(2)倒剪,常用于增加发根的蓬松度。

(3)扭转剪,常用于卷发,能很好地制造发束感。

(4)滑剪,常用于连接短发和长发,也可以减少发中到发梢的发量。

(5)压剪,常用于发缘部分,可以制造轻盈翻翘的发梢。

(6)块状剪,常用于卷发,可以很好地制造卷度和增加发型的透风感。

(7)导向剪,即通道式深度滑剪,可形成清晰分离的效果,常用于刘海和两侧区,制造头发自然的流向。

## 任务实施

收集修剪发型图片,通过小组合作和角色扮演,进行图片发型修剪练习,熟练地掌握不同类型修剪手法的特点及用途。

## 任务评价

任务评价卡

| | 评价内容 | 分数 | 自评 | 他评 | 教师点评 |
|---|---|---|---|---|---|
| 1 | 能叙述发型修剪的作用 | 10 | | | |
| 2 | 能熟练地表述不同类型修剪手法的特点及用途 | 10 | | | |
| 3 | 能举例说明不同发型适合的修剪手法 | 10 | | | |
| | **综合评价** | | | | |

# 模块习题

## 一、单项选择题

1.(　　)就有以理发为职业的工匠。

　A.汉代　　　　　　B.唐代　　　　　C.宋代　　　　　D.明代

2.点剪常用于制造发型的(　　)。

　A.透空感　　　　　B.蓬松度　　　　C.发束感　　　　D.透风感

## 二、判断题

1.夹剪是手指夹住头发进行修剪的一种利用率非常高的手法,其特点是操作

　方便。　　　　　　　　　　　　　　　　　　　　　　　　(　　)

2.锯剪是使用锯齿剪刀进行剪发的一种手法。　　　　　　　　(　　)

3.块状剪,常用于直发,可以很好地制造卷度和增加发型的透风感。　(　　)

## 三、综合运用题

发型修剪的常见手法有哪些?

# 模块二 修剪工具及其使用方法

## 学习目标

### 知识目标

1.了解剪发工具的种类及其用途。

2.知道剪发工具的使用方法。

3.知道修剪结构。

### 技能目标

1.能正确表述不同修剪工具的功能及用途。

2.能根据不同的剪发类型正确选择工具及产品。

3.能选用正确的方式清洁修剪工具。

### 素质目标

1.培养健康的体魄、心理和健全的人格,养成良好的健身和卫生习惯。

2.理解并逐步形成敬业、精益、专注、创新的工匠精神。

# 任务一 修剪工具的认识与运用

## 任务描述

小美是理发店的理发师助理,需要经常对头发修剪过程中所使用到的工具进行整理和清洁。为方便工作,她想弄清楚修剪工具的类型及用途等。

## 任务准备

1.整理修剪所需工具。

2.熟悉不同工具的作用。

## 相关知识

### 一、修剪工具的种类及用途

理发师需要借助工具完成对头发的修剪造型。修剪工具的种类多样,了解工具的使用方法及作用能更快捷、高效、安全地为客户提供服务。

修剪使用的主要工具如下:

(1)平剪:用于修剪发型的外轮廓。平剪精细易控,手柄多采用活动后尾。

(2)牙剪:用于去除多余发量,导顺毛流,制造头发内部立体空间。牙剪根据去量大小和齿形等分为多种。理发师一般需准备两把牙剪:一把去量稍小的,用于修剪女发;一把去量稍大的,适合修剪男发。

(3)滑剪:滑剪又称柳叶剪、胖胖剪,常用于去除发量,也可用于纹理走向的处理。

（4）削刀：主要用于处理发尾的线条、纹理以及调整发尾的流向，使发尾产生动感。

（5）裁剪梳：用于分区、梳通梳顺头发。

（6）平面鸭嘴夹：用于分区和暂时固定头发。

（7）围脖纸、围布：防止碎发进入衣服内，也防止头部水流进入脖子。

（8）毛巾：用于擦干水分。

（9）毛刷（碎发清理毛刷）：用于清理碎发。

（10）喷水壶：用于喷湿头发，让头发保持湿润。

### 二、工具的清理、消毒

理发店人员流动性大，美发工具常接触湿发且用于不同人的头发，这些因素都会导致病原体传播，因此做好美发工具的清理、消毒工作至关重要。

#### 1.工具的卫生

美发工具、用品应摆放整齐，并按规定清洗、消毒、存放，做到一客一用，一次性用具一客一换。工具应摆放在专用的工具台、物品柜。操作过程中必须保持操作工位干净整洁，用品、用具整齐。尖锐美发工具应存放在加盖密闭的容器中。废弃工具应存放在有特殊标识的加盖密闭的容器中。

#### 2.工具的消毒

对美发工具，如镜面、梳子等可先清理干净头发等，再用75%的酒精擦拭，也可用消毒液消毒。使用消毒液时，将消毒液按一定比例稀释，再把清洗干净的用品放在消毒液中浸泡15分钟，取出后用清水冲洗干净，晾干即可。

### 任务实施

根据修剪所需工具，小组合作，分别派代表叙述不同工具的用途与使用方法。

# 任务评价

任务评价卡

| | 评价内容 | 分数 | 自评 | 他评 | 教师点评 |
|---|---|---|---|---|---|
| 1 | 能叙述不同工具的使用方法及作用 | 10 | | | |
| 2 | 能叙述判断工具卫生达标的要点 | 10 | | | |
| 3 | 能选用正确的方法对工具进行清理 | 10 | | | |
| | 综合评价 | | | | |

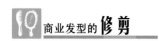 

# 任务二　修剪结构的认识

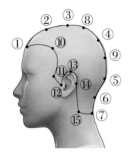

**任务描述**

　　小美是理发店的理发师助理,她需要熟悉发型层次构成的原理及构成发型的几种基本型。

**任务准备**

　　1.复习修剪手法。
　　2.熟悉修剪工具使用方法。

**相关知识**

**一、头部基准点**

清楚基准点的正确位置和名称,才能正确连接分区线。(图2-2-1)

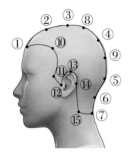

①中心点;②前顶点;③头顶点;④黄金点;⑤后脑点;⑥枕骨点;⑦颈背点;⑧头顶、黄金点中点;⑨黄金点、后脑点中点;⑩前侧点(左、右);⑪侧部点(左、右);⑫侧角点(左、右);⑬耳上点(左、右);⑭耳后点(左、右);⑮颈侧点(左、右)。

图2-2-1

16

### 二、头部基准线

#### 1.分区线

剪发前把头发分为几个区域,来缩小修剪空间,以达到修剪的准确性。(图2-2-2)

图2-2-2

#### 2.分份线

在分出的区域内再细分出发片,形成能精确修剪的层次。

分份线与发型轮廓的关系(图2-2-3):

(1)水平线:又称一字线,可使发型轮廓平衡,重量感强。

(2)垂直线:又称竖直线,可使发型轮廓移动性强并具有动感。

(3)斜前线:又称A字线,可使发型轮廓前长后短,重量向前。

(4)斜后线:又称V字线,可使发型轮廓前短后长,重量向后。

(5)放射线:又称三角线,可使发型轮廓变化并具有移动性动感。

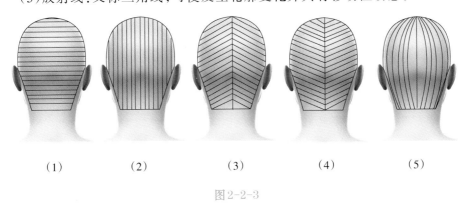

（1）　　　　　（2）　　　　　（3）　　　　　（4）　　　　　（5）

图2-2-3

### 三、发型层次构成的原理

#### 1.角度

角度是头部任何一个位置所提升的发片与经过此点的切线所形成的夹角。(图2-2-4)

17

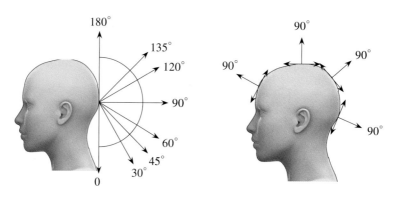

图2-2-4　角度

## 2.角度与发型层次的关系(图2-2-5)

发片提升角度的大小,决定着层次的高低。

(1)固体形:0°;

(2)边沿形:0°~90°之间选择30°、45°、60°;

(3)均等形:90°;

(4)渐增形:90°~180°之间选择120°、135°、180°。

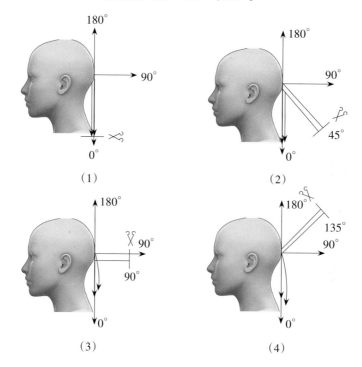

(1)　　　　　　　　　　(2)

(3)　　　　　　　　　　(4)

图2-2-5

18

### 3. 提拉发片方向与发型层次的关系（图2-2-6）

（1）将发片向上提升水平修剪，形成上短下长的层次；

（2）将发片向前提升垂直修剪，形成前短后长的层次；

（3）将发片向后提升修剪，形成前长后短的层次。

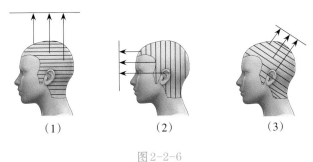

（1）　　　　（2）　　　　（3）

图2-2-6

### 4. 剪发线与发型层次的关系（图2-2-7）

将发片同时提升90°，剪刀刀口在头发上剪切，用剪切线的不同角度来控制发型的层次。

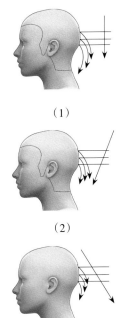

（1）

（2）

（3）

图2-2-7

（1）均等层次（等长）：将发片90°提升，剪刀剪切线平行于头肌剪切，所得之长为长度相等。

（2）边沿形（低层次）：将发片90°提升，剪刀剪切线斜向内剪切，所得之长为上长下短。

（3）渐增形（高层次）：将发片90°提升，剪刀剪切线斜向外剪切，所得之长为上短下长。

### 四、构成发型的四种基本形

（1）固体形，又叫单一层次，其轮廓为长形，头发外长内短，所有头发发梢集中在同一水平线上，表面为光滑的纹理。

固体形发型设计可长可短，其提升角度为0°，可以在全头设计，也可在局部设计，修剪轮廓可分为水平线、斜前线和斜后线。（图2-2-8）

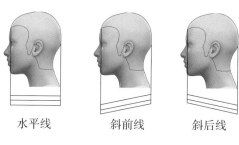

水平线　　　　斜前线　　　　斜后线

图2-2-8

（2）边沿形，又称为低层次，其轮廓为椭圆形，表面有平滑和不平滑的组合，结构为上长下短。

边沿形发型修剪时头发提升的角度在1°~90°之间，通常选用15°、30°、45°、60°来剪发，以便显示出小范围的层次截面。（图2-2-9）边沿形也可用水平线、斜前线、斜后线来修剪完成发型。

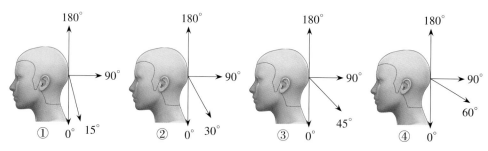

图2-2-9

（3）均等形，又称等长层次，其轮廓为圆形，纹理是不平滑的活动纹理，结构为上下一样长。均等形发型所有发片提升角度为90°，手指位置与头部的曲线平行即可。

（4）渐增形，又称高层次，其轮廓为拉长的椭圆形和不平滑的活动纹理，结构为上短下长。

　　渐增形发型修剪时头发提升角度在90°~180°之间。所提角度越大,则发尾层次幅度越大,发尾重叠及姿态越丰富,动感越强。其设计线以固定为主。(图2-2-10)

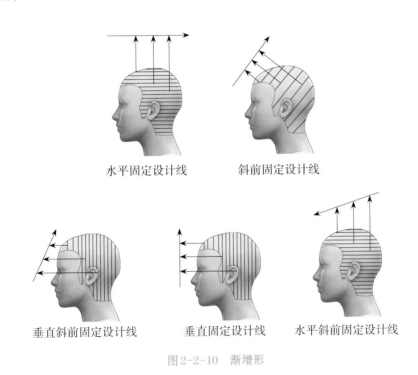

水平固定设计线　　　　　　　斜前固定设计线

垂直斜前固定设计线　　垂直固定设计线　　水平斜前固定设计线

图2-2-10　渐增形

**任务实施**

　　小组合作,分别派代表叙述发型层次构成的基本原理。

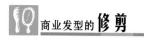

## 任务评价

**任务评价卡**

| | 评价内容 | 分数 | 自评 | 他评 | 教师点评 |
|---|---|---|---|---|---|
| 1 | 知道头部基准点的位置 | 10 | | | |
| 2 | 知道发型层次构成的基本原理 | 10 | | | |
| 3 | 知道发型的四种基本型 | 10 | | | |
| | **综合评价** | | | | |

# 模块习题

## 一、单项选择题

1.(　　)用于去除多余发量,导顺毛流,制造头发内部立体空间。

　　A.牙剪　　　　　　B.条剪　　　　　　C.平剪　　　　　　D.滑剪

2.(　　)主要用在处理发尾的线条、纹理以及调整发尾的流向,使发尾产生动感。

　　A.削刀　　　　　　B.条剪　　　　　　C.平剪　　　　　　D.滑剪

3.(　　)用于修剪发型的外轮廓,精细易控,手柄多采用活动后尾。

　　A.削刀　　　　　　B.条剪　　　　　　C.平剪　　　　　　D.滑剪

4.(　　)将发片90°提升,剪刀剪切线斜向内剪切,所得之长为上长下短。

　　A.边沿形(低层次)　　　　　　　　B.渐增形(高层次)

　　C.均等层次(等长)　　　　　　　　D.固体形(无层次)

5.(　　)将发片90°提升,剪刀剪切线平行于头肌剪切,所得之长为长度相等。

　　A.边沿形(低层次)　　　　　　　　B.渐增形(高层次)

　　C.均等层次(等长)　　　　　　　　D.固体形(无层次)

## 二、判断题

1.分区线:剪发前把头发分为几个区域,来缩小修剪空间,以达到修剪的准确性。

　　　　　　　　　　　　　　　　　　　　　　　　　　(　　)

2.放射线:又称三角线,可使发型轮廓变化并具有移动性动感。　　(　　)

3.渐增形,又称高层次,其轮廓为拉长的椭圆形和不平滑的活动纹理,结构为上短下长。

　　　　　　　　　　　　　　　　　　　　　　　　　　(　　)

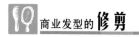

## 三、综合运用题

1.简述发型层次构成的原理。

2.简述构成发型的四种基本型。

# 模块三 女士短发发型修剪

## 学习目标

### 知识目标

1.了解波波超短发、波波短发、蘑菇头、光环发型的特点和适合人群。

2.知道波波超短发、波波短发、蘑菇头、光环发型的修剪手法与步骤。

### 技能目标

1.能独立完成波波超短发、波波短发、蘑菇头、光环发型的修剪。

2.能根据客户的个人特点和基础发型选择不同的修剪手法并和客户良好沟通。

### 素质目标

1.形成勇于奋斗、乐观向上的精神,具有自我管理能力和职业生涯规划意识。

2.理解并逐步形成敬业、精益、专注、创新的工匠精神。

# 任务一　波波超短发发型修剪

## 任务描述

杰克是理发店的理发师，一位顾客来到店里要杰克为她设计一款生活时尚发型，要简单、时尚。

## 任务准备

1.准备波波超短发发型修剪所需工具。

2.准备波波超短发发型修剪操作步骤图。

## 相关知识

### 一、波波超短发发型的认识

波波超短发发型的特点是厚重刘海及贴合面部轮廓的发线，短及耳部的长度，侧面来看从头顶到后脑有圆滑而饱满的弧线。圆度是指无论从哪个角度看它都呈现完美曲线；宽度是指从侧面看时有层次的丰盈感。整体来看头发后短前长，且后头部比较饱满。

图3-1-1

## 二、波波超短发发型修剪步骤

第一部分

（1）准备一个长发的假模特头。

图 3-1-2

（2）首先把头发分为上、中、下三区，先修剪下区中间第一片头发。

图 3-1-3

（3）将第一片头发剪出上长下短的效果。

图 3-1-4

（4）以第一片作为引导线向左修剪,将左边第二片垂直拉出修剪。

图 3-1-5

（5）左边的第三片、第四片由中间向左修剪,剪出左短中长的效果。

图 3-1-6

（6）右边和左边一样,一片一片往右修剪,剪出中长右短的效果。

图 3-1-7

29

（7）用梳子在下区右边划弧线，找右边的角并修剪掉。

图3-1-8

（8）用梳子在下区左边划弧线，找出左边的角（即左边与右边的方法一样）并修剪掉。

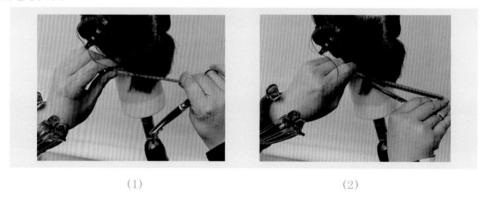

（1）　　　　　　　　　　　　　　　（2）

图3-1-9

第二部分

（1）用梳子在中区的中间部位竖向划出第一个梯形发片，将这片头发向右边往中间偏弧线梳理，用低角度手法剪出一个中间短右边略长的饱满的效果。

（1）　　　　　　　（2）　　　　　　　（3）

图3-1-10

30

（2）第二片向第一片方向修剪（向右），修剪时角度略有提升。（注意：第二片的分缝线偏移度没有第一片的大）

图3-1-11

（3）修剪到耳后点时，转角的头发往耳后点修剪并提升角度，剪出一个前短后长、上长下短的饱满的弧线效果。

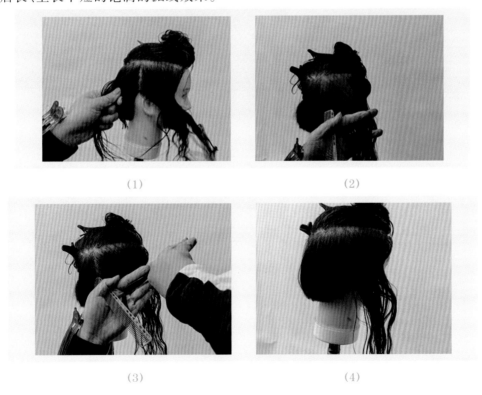

（1）　　　　　　　　　　（2）

（3）　　　　　　　　　　（4）

图3-1-12

31

（4）耳后点和耳高点的发片提升到水平角度往前修剪。

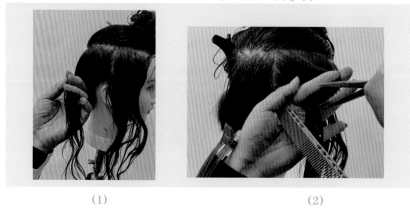

（1）　　　　　　　　　　　　（2）

图3-1-13

（5）以水平引导线为基准，剪出上长下短、前短后长的侧面弧线饱满效果。

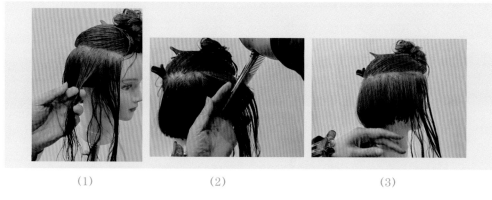

（1）　　　　　　（2）　　　　　　（3）

图3-1-14

（6）将耳前点的头发从水平引导线拉出往前修剪，剪出后长前短、上长下短的饱满效果。

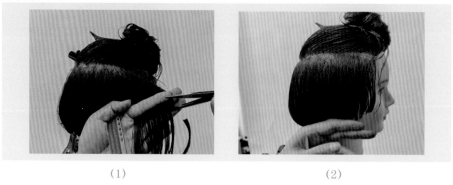

（1）　　　　　　　　　　　　（2）

图3-1-15

（7）为了不破坏右后区的头发,右边剪完后用梳子将左右分开。

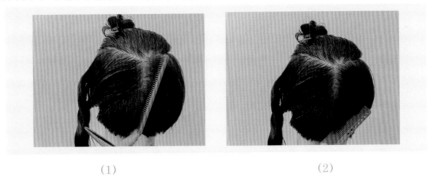

（1）　　　　　　　　　　　　（2）

图3-1-16

（8）左后边划弧线呈现出梯形,用低角度手法剪出左长中短、上长下短的饱满效果。

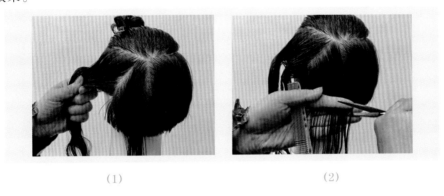

（1）　　　　　　　　　　　　（2）

图3-1-17

（9）第二片头发修剪角度略有提升,剪出左长中短的效果。（注意:左边和右边的剪法相同）

图3-1-18

（10）剪到耳后点时把后面的头发往前面拉，修剪出后长前短、上长下短的饱满的转角弧形效果。

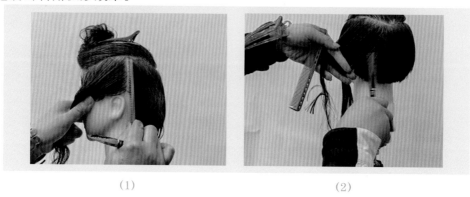

（1）　　　　　　　　　　　　　（2）

图 3-1-19

（11）向前梳并将发片提升到水平线，以引导线为基准剪出后长前短、上长下短的饱满效果。

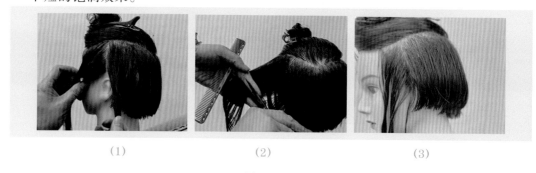

（1）　　　　　　　　（2）　　　　　　　　（3）

图 3-1-20

（12）剪完中区最后一片头发，以上一片为引导线往前修剪，剪出前短后长、上长下短的自然饱满弧度效果。

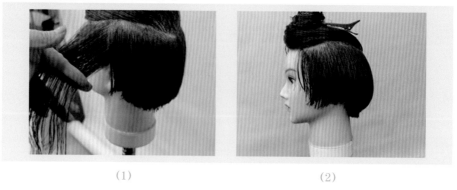

（1）　　　　　　　　　　　　　（2）

图 3-1-21

（13）准备剪去左边的鬓角。梳子往前梳，划弧线梳出角并修剪掉，达到饱满的效果。

(1)　　　　　　　　　　(2)

(3)　　　　　　　　　　(4)

图3-1-22

（14）右侧与左侧同样剪法（同上），达到饱满的效果。

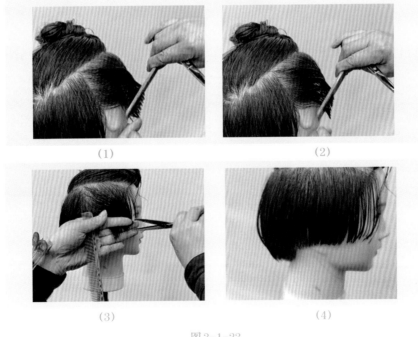

(1)　　　　　　　　　　(2)

(3)　　　　　　　　　　(4)

图3-1-23

（15）中区剪完自然的饱满的弧度效果。

图3-1-24

（16）再把头顶的头发放下,自然垂落梳开。

图3-1-25

（17）找出头顶的骨骼弧度饱满的前后深度点。

（1）                （2）                （3）

图3-1-26

（18）将头模往前倾斜，从头顶后部深度点分出第一片头发且略低于水平线，头顶放射分区以中间发片为引导线修剪。将第二片往后靠进行修剪。

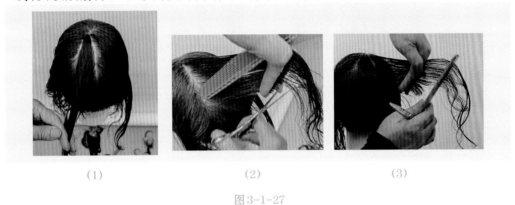

| （1） | （2） | （3） |

图 3-1-27

（19）修剪放射分区第三片头发时，将第二片往第三片靠进行修剪。

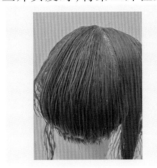

图 3-1-28

（20）修剪放射分区到耳后上方时，从顶上前后两个深度点间平行分出发片；然后将发片水平拉出以中区头发作为引导线修剪；头顶自然垂落形成自然弧线，且与中区饱满相容。

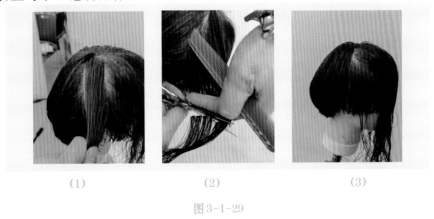

| （1） | （2） | （3） |

图 3-1-29

（21）处理耳前顶部头发时，从前深度点往前靠水平拉出修剪。

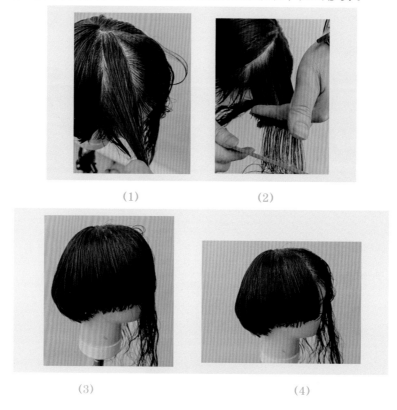

（1）                （2）

（3）                （4）

图3-1-30

（22）将头顶前面部位的头发水平向前拉出，一片靠一片以引导线进行修剪。

（1）                （2）

图3-1-31

（23）顶后左边部分与右边剪法一样。（注意：耳上顶部,分前后两点水平取发片,从耳后点向前靠,一片一片剪出前短后长的效果,与中区的重量饱满度相容）

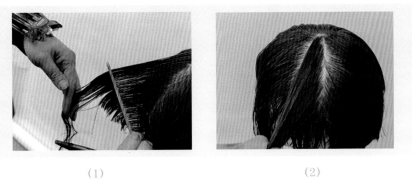

　　　　　（1）　　　　　　　　　　　　　　（2）

图3-1-32

（24）直到剪完左前面的所有头发。

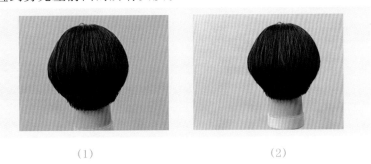

　　　　　（1）　　　　　　　　　　　　　　（2）

图3-1-33

（25）修剪上区的重量角,从后顶区开始,发片垂直于头皮低75°去角。

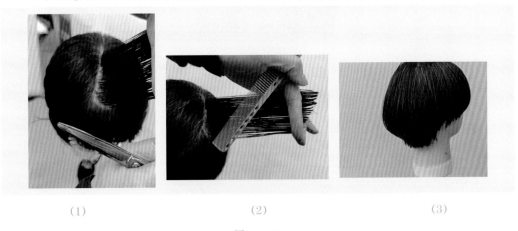

　　　（1）　　　　　　　　（2）　　　　　　　　（3）

图3-1-34

39

（26）顶点后深度点在75°~85°范围修剪，左右逐步提升去角。

（1）　　　　　　　（2）　　　　　　　（3）

图3-1-35

（27）注意耳上点左右两边要平行取发片，85°~90°范围去角。

（1）　　　　　　　（2）　　　　　　　（3）

图3-1-36

（28）左右耳高点至前面，在89°~90°范围去角。

图3-1-37

（29）顶区四周去角后的自然效果。

图3-1-38

（30）开始剪刘海区,梳子以左内眼角为参考,取发片。

图3-1-39

（31）以右内眼角为参照,取6厘米深度的第一片刘海三角形发片。

图3-1-40

（32）从右边往左边充分梳透发丝,同样从左边往右边充分梳透发丝,梳好后确定第一片刘海的长度。

图3-1-41

（33）把第一片剪好的刘海从中间分开。

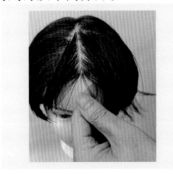

图3-1-42

（34）以6厘米深度点向后退0.5厘米，划到外眼角上发际线，划弧线剪出右边的刘海，剪齐为堆积线。

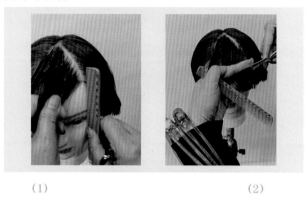

（1）　　　　　　　　　　（2）

图3-1-43

（35）左边与右边一样，以外眼角为参考，剪出左边的堆积线。

（1）　　　　　　　（2）

图3-1-44

（36）顶上划菱形。

图3-1-45

（37）垂直向上梳理，会出现一个三角形，点剪正顶的角，呈现柔和的效果。

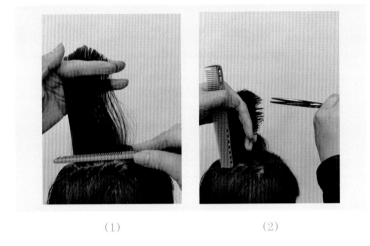

（1）　　　　　　　　　　（2）

图3-1-46

（38）自然剪完后没有吹风的效果。

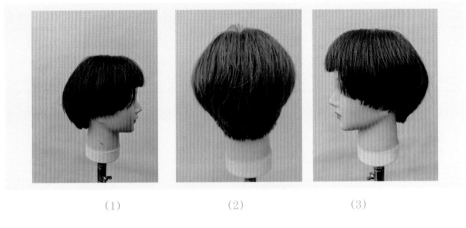

（1）　　　　　　　　（2）　　　　　　　　（3）

图3-1-47

**任务实施**

　　小组合作准备波波超短发发型修剪所需工具及产品，组员独立完成波波超短发发型修剪及造型。

## 任务评价

**任务评价卡**

| | 评价内容 | 分数 | 自评 | 他评 | 教师点评 |
|---|---|---|---|---|---|
| 1 | 能正确准备波波超短发修剪工具及所用产品 | 10 | | | |
| 2 | 能正确使用波波超短发发型修剪手法 | 10 | | | |
| 3 | 能完成波波超短发发型修剪及造型 | 10 | | | |
| | **综合评价** | | | | |

# 任务二 波波短发发型修剪

## 任务描述

杰克是理发店的理发师,一位顾客来到店里要杰克为她设计一款生活时尚发型,要简单、时尚。

## 任务准备

1.准备波波短发发型修剪所需工具及产品。

2.准备波波短发修剪操作步骤图。

## 相关知识

### 一、波波短发发型修剪概述

波波并不是指一种发型,更不是一种剪发技术,它是对于头发长度的通称,指头发的长度在肩膀以上。

通过三种技术,即 One-length(一线形)、Graduation(堆积重量)、Layer(去除重量)和三种形状,即方形、圆形、三角形(A 线形)的搭配组合,可以剪出千变万化的波波发型。

波波短发蓬松的质感能让五官更加鲜明突出,也可以对人的整体形象起到画龙点睛的作用。

## 二、波波短发发型修剪操作步骤

后部:渐渐将发束上提,加入低层次,越向上长度越长。

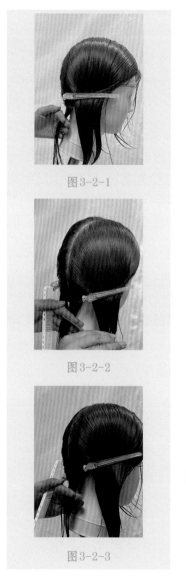

图3-2-1

图3-2-2

图3-2-3

（1）从正中线上将头发左右一分为二,先在脖颈处取1厘米左右宽度横发片（第一片）;从两指宽的长度处提起,修剪出低层次效果。

（2）沿着头部弧度修剪。

（3）第二横分发片。提到前一个发片垂直提拉的位置,逐渐提高提拉的角度。

图 3-2-4

（4）和第一片的步骤相同，沿着头部弧度修剪。

图 3-2-5

（5）继续沿着头部弧度修剪。

图 3-2-6

（6）第三横分发片。同样，提到前一个发片垂直提拉的位置，提拉角度越来越大。

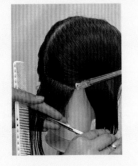

图 3-2-7

（7）第四横分发片。越向上头的弧度越大，所以须斜取发片；提到前一个发片垂直提拉的位置。

（8）沿着头部的弧度修剪。

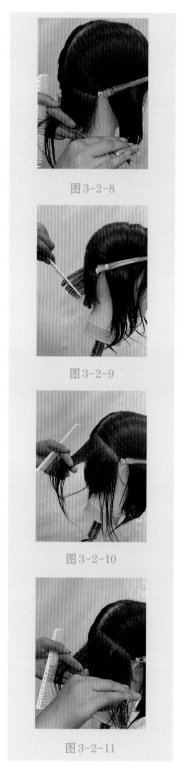

图3-2-8

（9）假模特的后头部比较圆润，所有发束都提到前两个发片的垂直提拉处；纵向分出头发就能看出越向上头发越长。

图3-2-9

（10）后头骨以上的部分，头发剪到能稍微盖住上一个发片的长度；提到上一个发片的垂直提拉的位置。

图3-2-10

（11）继续按照头部弧度来剪。

图3-2-11

图 3-2-12

（12）下一个发束也一样，提到前一个发片垂直提拉的位置。

图 3-2-13

（13）继续按照头部弧度来剪。

图 3-2-14

（14）修剪后头部的发片时，跟之前的步骤相同，提到前一个发片垂直提拉的位置。

图 3-2-15

（15）下一个发片。越靠近侧面，取发片的角度就越来越接近垂直。

（16）继续按照头部弧度来剪。

（17）因为都是向后方提拉修剪的,靠近后侧的地方发量常常较多。修剪后调整发量。

（18）后头骨以上的头发以切面纵向提出后可以看出:越向上越长。

（19）后面修剪完的效果。

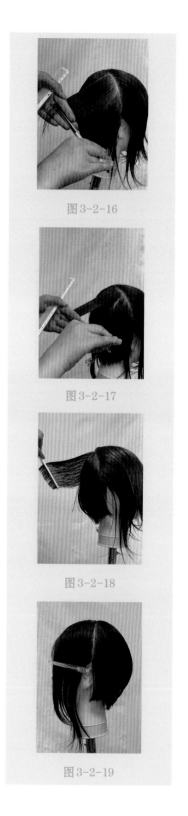

图 3-2-16

图 3-2-17

图 3-2-18

图 3-2-19

侧面/头顶:内侧通过高层次来削减发量,表面用低层次来塑造圆润感。

图3-2-20

(20)侧面,在与骨梁上方平行的位置分开头发。

图3-2-21

(21)调整长度,在头发自然垂落的位置平行修剪。

图3-2-22

(22)修剪完的长度。

图3-2-23

(23)把头发向上提,加入高层次,以削减发量。注意耳朵上方直接加高层次的话容易留下空洞,提头发的时候稍微留下一部分。

（24）修剪时保持长度一致。

图3-2-24

（25）高层次的完成效果。可以看出成功减少了发量。

图3-2-25

（26）在骨梁上取1厘米左右宽度的发片，如右图所示角度提拉。

图3-2-26

（27）平行下剪，加入低层次。

图3-2-27

图 3-2-28

（28）下一个发片也是向着头顶取的，宽度为1厘米左右，提的比上一个发片再高一点儿。

图 3-2-29

（29）同样平行下剪。

图 3-2-30

（30）修剪两侧/头顶的最后一个发片时，比前一个发片稍微提高一点。

图 3-2-31

（31）保持平行下剪。

53

（32）截至目前的效果：通过逐渐增加提拉的角度，给发梢增加了重量感。

图3-2-32

（33）因为侧面和后头部的头发是分开剪的，所以长度可能有差异，要修成自然相连的样子。

图3-2-33

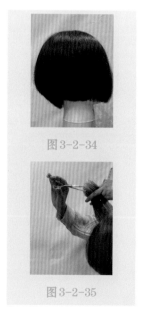

（34）吹干后，微调后头部的重量和侧发的外轮廓。

图3-2-34

（35）把要去除厚重感的后头部发片垂直提拉出来，剪刀尖沿发梢进行平行修剪。

图3-2-35

（36）在侧面和后头部的连接处，一点点把剪刀尖伸进去自然地修整齐。

图3-2-36

## 任务实施

小组合作准备波波短发发型修剪所需工具及产品，组员独立完成波波短发发型修剪及造型。

## 任务评价

任务评价卡

| | 评价内容 | 分数 | 自评 | 他评 | 教师点评 |
|---|---|---|---|---|---|
| 1 | 能正确准备波波短发修剪工具及产品 | 10 | | | |
| 2 | 能正确使用波波短发发型修剪手法 | 10 | | | |
| 3 | 能按照标准完成波波短发发型修剪及造型 | 10 | | | |
| | 综合评价 | | | | |

# 任务三 蘑菇头发型修剪

## 任务描述

杰克是理发店的理发师,一位顾客来到店里要求杰克为她设计一款生活时尚发型,要简单、时尚。

## 任务准备

1.准备蘑菇头发型修剪造型所需工具及产品。

2.准备蘑菇头发型修剪操作步骤图。

## 相关知识

### 一、蘑菇头发型概述

蘑菇头,一种顺直的短发,前发稍低,两侧面的头发以可看得见耳垂为宜。蘑菇头发型非常流行,而且蘑菇头发型的款式越来越丰富,不管是女生蘑菇头发型,还是男生蘑菇头发型,都带给人一种经典复古和帅气俏皮的感觉。

图3-3-1

## 二、蘑菇头发型修剪步骤

（1）将短发打湿进行修剪。

图3-3-2

（2）从侧发区划一个弧线。

图3-3-3

（3）第一片，提高角度进行修剪，然后沿着耳后弧线进行修剪，修剪到侧后转角点。

（1）　　　　　　　（2）　　　　　　　（3）

图3-3-4

（4）划出第二片，前面留出一小束，提到第一片引导线下剪，然后沿着前区头发直到转角区剪完。

（1）             （2）

图 3-3-5

（5）将前面的发束以零角度压着剪掉。

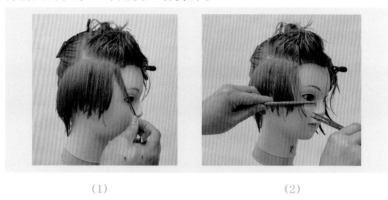

（1）             （2）

图 3-3-6

（6）分出第三片，把前面头发留出，侧区头发提升到第二片的角度后由前一直向后修剪。

（1）         （2）         （3）

图 3-3-7

（7）压着头发向鼻尖延长方向修剪。

（1）　　　　　　　　　　　　（2）

图3-3-8

（8）前区头发留出,把第四片提到第一片的角度进行修剪,沿着侧区一直修剪到转角区。

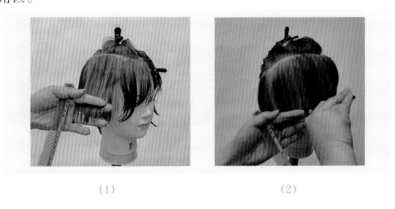

（1）　　　　　　　　　　　　（2）

图3-3-9

（9）低角度处理刘海。

（1）　　　　　　　　　　　　（2）

图3-3-10

59

（10）把右边头发自然梳下来，从刘海开始修剪，注意指尖方向。

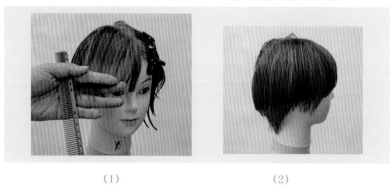

　　　　（1）　　　　　　　　　　　（2）

图3-3-11

（11）左边同理，分出第一片头发。

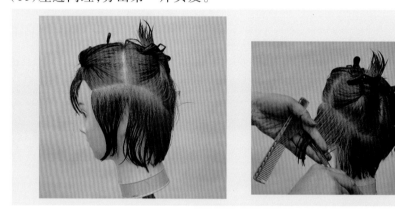

图3-3-12

（12）左侧第一片剪完后的效果。

图3-3-13

（13）分出左侧第二片，把前区留出，同右侧，以第一片为引导线剪完。

图 3-3-14

（14）将前区留出的头发压着剪完。

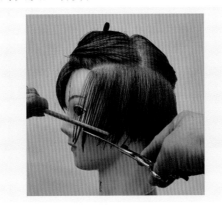

图 3-3-15

（15）第三片同右边处理。

图 3-3-16

61

（16）前区压着修剪。

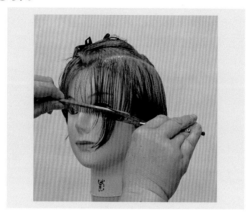

图 3-3-17

（17）与右边相同，从刘海开始修剪，沿着引导线修剪到后区。

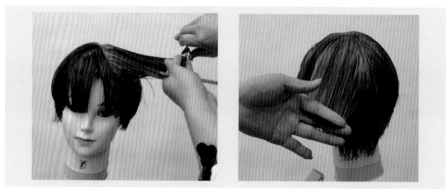

图 3-3-18

（18）耳后点画弧线处理鬓角。

图 3-3-19

（19）左侧划弧线修剪鬓角。

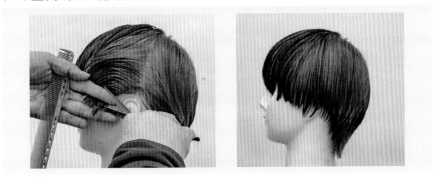

图 3-3-20

（20）把头发自然吹干，注意吹干过程中左右两边发根向两边。

图 3-3-21

（21）自然吹到七八成干，把底下左右两边的角修剪掉。

图 3-3-22

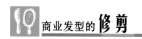

（22）整体完成效果。

图3-3-23

## 任务实施

　　小组合作准备蘑菇头发型修剪所需工具及产品,组员独立完成蘑菇头发型修剪及造型。

## 任务评价

### 任务评价卡

| | 评价内容 | 分数 | 自评 | 他评 | 教师点评 |
|---|---|---|---|---|---|
| 1 | 能正确准备蘑菇头发型修剪工具及产品 | 10 | | | |
| 2 | 能正确使用蘑菇头发型修剪手法 | 10 | | | |
| 3 | 能按照标准完成蘑菇头发型修剪及造型 | 10 | | | |
| | 综合评价 | | | | |

# 任务四 光环发型修剪

## 任务描述

玛丽是理发店的理发师,一位顾客来到店里要求玛丽为她设计一款生活时尚发型,要简单、时尚。

## 任务准备

1.准备光环发型修剪造型所需工具及产品。

2.准备光环发型修剪操作步骤图。

## 相关知识

### 一、光环发型概述

光环发型是适用性非常强的一款发型,适用于各类发质。

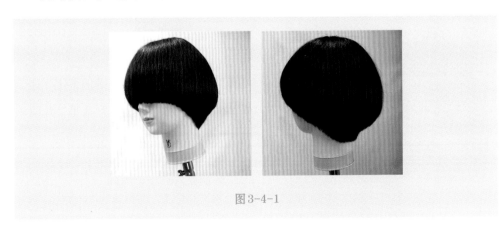

图3-4-1

图3-4-2

图3-4-3

图3-4-4

图3-4-5

### 二、光环发型修剪步骤

#### 颈部

（1）将后头部与侧面的头发沿着两耳连线分区。再将后头部从耳下分出颈部区域，接着从正中线上取出纵向发片，将发片往上提升45°，再纵向入刀剪出低层次。

（2）把颈侧上方的发片稍微往后移动，再入刀修剪。

（3）耳后的发片容易剪得太短，因此这里要将发片往中央提拉再下刀裁剪。

#### 后头部

（4）从颈部上方的区域取出横向发片，往上提拉至45°，并以颈部头发长度为基准，纵向入刀做水平裁剪。

（5）耳后的发片常会剪得过短，因此在处理时，不要让发片方向与分缝线垂直，而是将发片稍微往中央移动后再修剪，以保留适当长度。

图3-4-6

（6）取出横向发片往头顶方向裁剪，修剪所有发片时，都要将发片往下降低至一定高度。

图3-4-7

侧发部分

（7）将整片侧发往下梳，修剪侧发，与后头部的轮廓线连接起来。

图3-4-8

（8）确定侧边发片的长度，修剪出正斜的低层次。从侧发上取出斜向发片，再将发片向前提拉，再提升45°裁剪。

图3-4-9

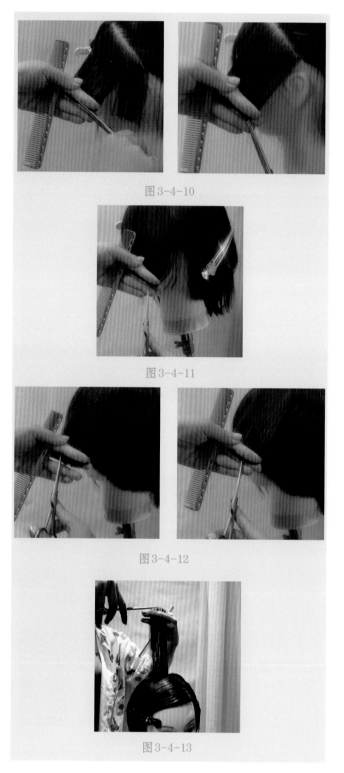

图3-4-10

图3-4-11

图3-4-12

图3-4-13

（9）一边修剪一边降低发片的提拉角度，修剪到最后时发片提升约15°。

（10）把上方发片提升到一定高度裁剪。

（11）将后头部的头发也梳到同一位置来裁剪，让侧边与后方的轮廓线连接起来。

头顶

（12）修饰头顶处的发片。先取出横向发片，将发片稍微往前提拉，再修掉超出裁剪线之外的头发。从前发开始以同样方式往两耳连线的位置取出发片进行修剪。

图3-4-14

（13）在两耳连线后方，以放射状取出发片并往正上方提拉，再将超出裁剪线的毛发修掉。这种修饰方法可以将外轮廓线上凸出的地方修剪掉。

图3-4-15

刘海

（14）取出刘海的三角形发片，从中央将其分为两部分，再沿着脸型将发片修剪出弧度。

图3-4-16

发量调整/质感调整

（15）从两耳边线稍微后方一点的位置取出发片，用打薄剪刀以高层次裁剪的角度进行削剪。另外在发量特别多的部分，也可以用同样的方式削剪。

图3-4-17

（16）对颈侧和鬓角的发根进行打薄，这种剪法是针对发根处做重点削剪，因此对容易堆积发量的部分特别有效。

图 3-4-18

（17）想要让轮廓线柔和一点的地方，可以取出发片以锯齿法稍修饰发尾。修剪的锯齿深度也不用刻意维持一致，让发尾表现出不规则感。

## 任务实施

小组合作准备光环发型修剪所需工具及产品，组员独立完成光环发型修剪及造型。

## 任务评价

**任务评价卡**

| | 评价内容 | 分数 | 自评 | 他评 | 教师点评 |
|---|---|---|---|---|---|
| 1 | 能正确准备光环发型修剪工具及产品 | 10 | | | |
| 2 | 能正确使用光环发型修剪手法 | 10 | | | |
| 3 | 能按照标准完成光环发型修剪及造型 | 10 | | | |
| | **综合评价** | | | | |

# 模块习题

## 一、单项选择题

波波并不是指一种发型,更不是一种剪发技术,它是对头发长度的通称,是指头发的长度在( )。

A.耳朵以下          B.耳朵以下,肩膀以上

C.肩膀以上          D.耳朵以上

## 二、判断题

1.波波都可以通过三种技术,即One-length(一线形)、Graduation(堆积重量)、Layer(去除重量)和三种形状,即方形、圆形、三角形(A线形)进行组合修剪。                    ( )

2.光环发型是适用性非常强的一种发型,适用于各类发质。     ( )

## 三、综合运用题

波波头的特点是什么?

# 模块四 女士边沿层次发型修剪

## 学习目标

### 知识目标

1. 了解边沿低层次、边沿中层次、边沿高层次碎发的特点和适合人群。

2. 知道边沿低层次、边沿中层次、边沿高层次碎发的修剪手法与步骤。

### 技能目标

1. 能独立完成边沿低层次、边沿中层次、边沿高层次碎发的修剪。

2. 能根据客户的个人特点和基础发型选择不同的修剪手法并和客户良好沟通。

### 素质目标

1. 培养集体意识和团队合作精神,形成社会责任感和社会参与意识。

2. 理解并逐步形成敬业、精益、专注、创新的工匠精神。

# 任务一　边沿低层次碎发修剪

## 任务描述

多娜是理发店的理发师,一位顾客来到店里要多娜为她设计一款生活化的、好打理的发型,要简单、时尚。

## 任务准备

1.准备边沿低层次碎发修剪所需工具及产品。

2.准备边沿低层次碎发修剪的操作步骤图。

## 相关知识

### 一、碎发

碎发为发型的一种,常常分为长碎、中碎、短碎、毛寸等,头发短平,参差不齐,富有层次感。碎发造型可以使男女生的头部后面显得更饱满,其具有以下优点:

1.可以将较丰满的脸修饰得瘦点,因为鬓角可以遮挡一部分脸庞;

2.可以使头部后面不太平整的部分显得饱满些;

3.可以遮盖青春期脸上的疙瘩。

## 二、边沿低层次碎发修剪步骤

（1）把整个头发从中线分为左右两区。

图4-1-1

（2）先从右边区域开始，从前额转角线到右后转角线划第一个修剪区域的弧线。第一个发片往前拉，贴近脸确定长度后修剪。

图4-1-2

（3）下图是绕着分缝线修剪后的效果，注意后底部逐渐稍稍变短。

图4-1-3

（4）分出第二个发片，以第一片作为引导线，将其提高到离头皮两指的高度；然后围绕着弧线逐渐剪到后底部，注意后底部要逐渐收紧。

图4-1-4

（5）分出第三片，注意前后的分缝线位置，在第二片基础上提高两指的距离，以第二片为引导线围绕弧线修剪，注意后底部手指和剪切线的距离。

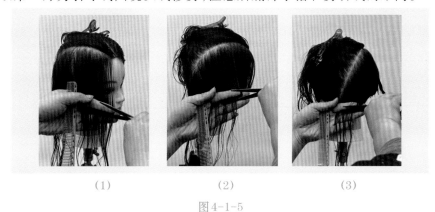

（1）　　　　　　　（2）　　　　　　　（3）

图4-1-5

（6）第三片修剪完的效果。

图4-1-6

77

（7）分出第四片，注意前后点的位置。修剪时，以第三片的剪切线作为引导线，把第四片往鼻尖方向带，注意提拉方向和角度，第四片比第三片角度略高，围绕着弧线逐渐剪到后底部，注意后底部逐渐收紧。

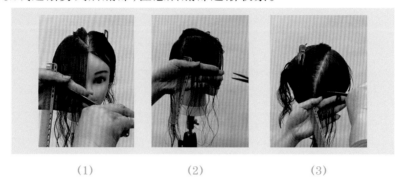

　　（1）　　　　　　　　（2）　　　　　　　　（3）

图 4-1-7

（8）第四片修剪后自然呈现的效果。

图 4-1-8

（9）分第五片时，把右边整体头发自然梳理。修剪时，以第四片作为引导线，注意中间发片提升得比第四片角度更高，提拉方向沿着鼻尖方向。后面每一片修剪时提拉角度都要比第四片略高。

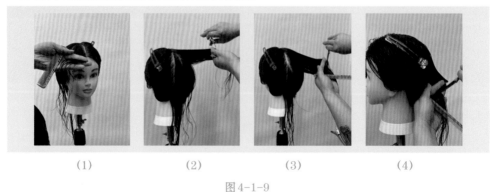

　（1）　　　　　　（2）　　　　　　（3）　　　　　　（4）

图 4-1-9

（10）右半部分修剪后自然呈现的效果。

图 4-1-10

（11）处理耳边的角线时,梳子划弧线,然后手指夹住划弧线梳出来的角,一刀剪切。

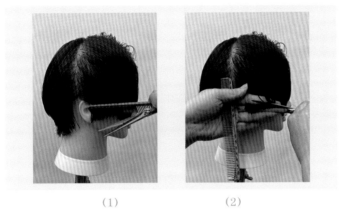

（1）　　　　　　　　（2）

图 4-1-11

（12）处理角之后自然呈现的效果。

图 4-1-12

79

（13）开始修剪左边，同右边区域一样，划出前转角线至后底线的弧线；斜向前提拉发片，与右边提拉角度一致，贴近脸侧两指距离；沿弧线修剪，后部收紧且略短。

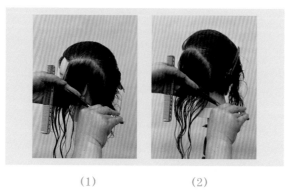

（1）　　　　　　　（2）

图4-1-13

（14）左边第一片修剪后自然呈现的效果。

图4-1-14

（15）在第一片的基础上分出第二片，注意前后深度点的位置。修剪第二片时，在第一片修剪时的角度基础上提升两指距离，然后绕弧线修剪完成。

（1）　　　　　　（2）　　　　　　（3）

图4-1-15

（16）先处理左边的角。划逆时针弧线找出这个角，并一刀剪切。去角后自然呈现的效果。

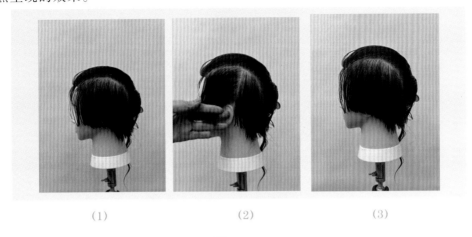

（1）　　　　　　　　（2）　　　　　　　　（3）

图 4-1-16

（17）在第二片的基础上绕弧线分出左边第三片。修剪第三片时，在第二片的修剪角度的基础上提升两个指头的距离，且要考虑前发际线的头发自然落下的成型效果须同右边一样往鼻尖方向靠。并且注意每个发片展开后的角度和剪切线，底部同右边一样开始逐步收紧，成型后要与右边一样。

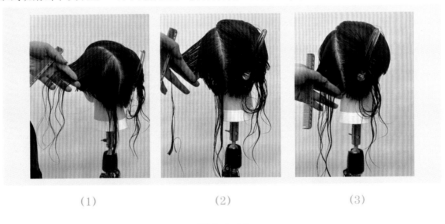

（1）　　　　　　　　（2）　　　　　　　　（3）

图 4-1-17

（18）这是第三片修剪完成后自然呈现的效果。

图4-1-18

（19）沿弧线划分出左边第四片。

图4-1-19

（20）修剪第四片时,前面部分应尽量靠近鼻尖方向。修剪第五片时,提拉角度比第四片略高。注意修剪耳上方时提拉角度和弧线要考虑自然垂落呈现的效果。耳上点逐步收紧,注意修剪时指尖方向。注意最后底线的展开角度。

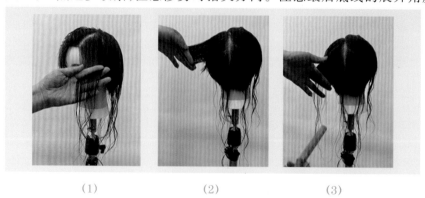

（1） （2） （3）

图4-1-20

（21）左边修剪完成自然呈现的效果。

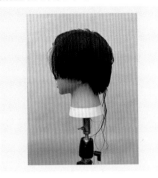

图 4-1-21

（22）从前向后将头发自然梳开,分出左侧区最后一片头发。注意修剪左侧刘海时要带入右侧少许刘海,使左右两边对称。

（1）　　　　　（2）　　　　　（3）　　　　　（4）

图 4-1-22

（23）整个发型修剪完成自然呈现的效果。

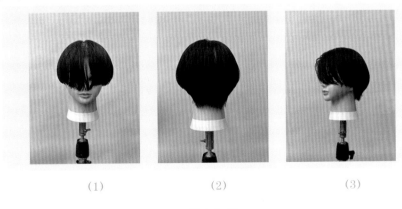

（1）　　　　　（2）　　　　　（3）

图 4-1-23

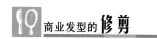
## 任务实施

　　小组合作准备边沿低层次碎发修剪所需工具及产品,组员独立完成边沿低层次碎发修剪及造型。

## 任务评价

任务评价卡

| | 评价内容 | 分数 | 自评 | 他评 | 教师点评 |
|---|---|---|---|---|---|
| 1 | 能正确准备边沿低层次碎发修剪工具及产品 | 10 | | | |
| 2 | 能正确使用边沿低层次碎发修剪手法 | 10 | | | |
| 3 | 能按照标准完成边沿低层次碎发修剪及造型 | 10 | | | |
| | 综合评价 | | | | |

# 任务二　边沿中层次碎发修剪

## 任务描述

　　杰克是理发店的理发师,一位顾客来到店里要杰克为她设计一款生活化的、好打理的发型,要简单、时尚。

## 任务准备

　　1.准备边沿中层次碎发修剪所需工具及产品。
　　2.准备边沿中层次碎发修剪的操作步骤图。

## 相关知识

　　边沿层次碎发的特点是上面头发长,下面头发短;上面头发无法压盖下面的头发,从下向上逐渐堆积重量,修剪时的提拉角度在1°~89°之间,常用的有45°与低于45°;有三种不同的形状分类,通常用于短发中。

　　边沿中层次的操作步骤

　　(1)确定侧边的发长。(以连接着耳垂与鼻子下方的线来做示范)

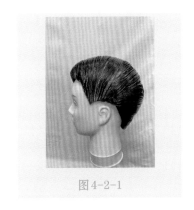

图4-2-1

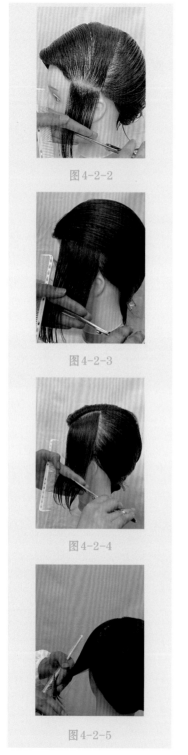

图4-2-2

图4-2-3

图4-2-4

图4-2-5

（2）取出与在图4-2-1中确定的发尾线平行的发片,将其稍微向前方上提15°修剪。

（3）接着修剪上面的发片。以与上一步相同的方式取出发片,并以下层发片作为基准,将发片向上提升30°修剪。越上层的发片,所提起的角度要越大,这样层次就会渐渐出来。

（4）接着修剪更上面的发片,提升45°修剪。

（5）依序修剪到最上面的发片,正中线上的发片要提起约60°修剪。

（6）侧边修剪完成的效果图。

图4-2-6

（7）接着修剪后面的发片,将与发根平行的发片放下并向前拉出,提起约15°剪出想要的发尾线。后面的发片较多,分为上下两次修剪。

图4-2-7

（8）将下段发片向上提到15°,连接着图4-2-7的发尾线修剪。

图4-2-8

（9）后面的发尾修剪完成,要记得确认发片的长度是相等的。

图4-2-9

87

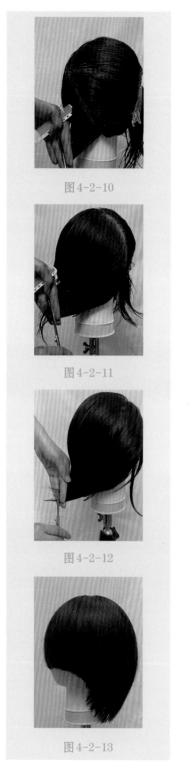

图4-2-10

图4-2-11

图4-2-12

图4-2-13

（10）接着修剪更上一片的头发，与图4-2-7、4-2-8一样将发片分成上下两部分，各提到30°修剪，首先修剪上面部分的头发。

（11）将下段发片提到30°，连接着图4-2-10的发尾线修剪。

（12）接着修剪更上一片的头发，同样将发片分成上下两部分，各提到45°做修剪。（图4-2-12为修剪下面部分）

（13）接着修剪更上一片的头发，同样将发片分成上下两部分，各提到60°修剪。

（14）后方头发修剪完成，按照图（1）~（13）的步骤，修剪另一边的发片。

图4-2-14

（15）由于中间的发片会比较长，所以需要将突出来的部分修剪成圆滑的弧度。以正中线为基准，将后面的头发分成左右两部分，并将后颈点上的发片向上提15°修剪。

图4-2-15

（16）依序修剪到最上面的发片，修剪时要注意变换所提起的角度。注意在将发片拉出时要完全拉直，之后才可以修剪。

图4-2-16

（17）剪完之后，要检查所剪出来的层次线是不是直的、发尾线有没有分岔或不齐的，以及耳后的发尾线是不是圆滑的。

图4-2-17

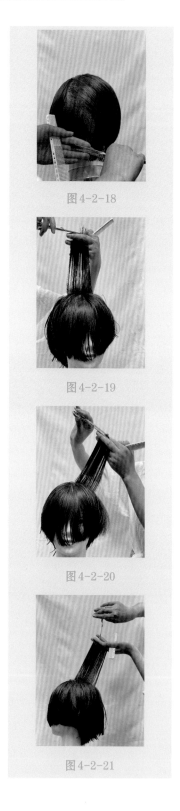

图 4-2-18

图 4-2-19

图 4-2-20

图 4-2-21

（18）如图4-2-17，如果发现不是圆滑的，就要修剪；将耳后的发片向上提起30°修剪掉凸出的部分。

（19）对顶部的发片也要做相同的处理。

（20）修剪耳上点、顶点连线上的发片时，要注意将其做90°梳理，然后把多出来的部分剪掉。（以等高层次剪法处理）

（21）旁边的发片也用90°梳法，然后剪掉多出来的部分（以等高层次剪法处理），另一边的发片也重复这个步骤。

（22）后面的发片也同样用90°梳法,并剪掉多出来的部分(以等高层次剪法处理)。

（23）完成图。

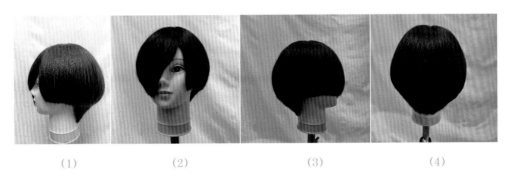

　　　　（1）　　　　　　　（2）　　　　　　　（3）　　　　　　　（4）

图4-2-22

## 任务实施

　　小组合作准备边沿中层次碎发修剪所需工具及产品,组员独立完成边沿中层次碎发修剪及造型。

## 任务评价

### 任务评价卡

| | 评价内容 | 分数 | 自评 | 他评 | 教师点评 |
|---|---|---|---|---|---|
| 1 | 能正确准备边沿中层次碎发修剪工具及产品 | 10 | | | |
| 2 | 能正确使用边沿中层次碎发修剪手法 | 10 | | | |
| 3 | 能按照标准完成边沿中层次碎发修剪及造型 | 10 | | | |
| | **综合评价** | | | | |

# 任务三  边沿高层次碎发修剪

## 任务描述

杰克是理发店的理发师,一位顾客来到店里要杰克为她设计一款生活化的、好打理的发型,要简单、时尚。

## 任务准备

1.准备边沿高层次碎发修剪所需工具及产品。

2.准备边沿高层次碎发修剪的操作步骤图。

## 相关知识

### 一、边沿高层次碎发修剪分类

根据头发的长短,边沿高层次碎发可细分为以下五种:

长碎:头发大部分长度约20厘米,刘海完全盖住眼睛,头发自然下垂接近嘴巴,鬓角头发约到下巴,后部已盖住脖子的碎发。

中碎:头发大部分长度约12厘米,刘海盖住眼睛,鬓角头发的长度稍超过耳根,后面的头发自然下垂略盖住脖子。常用的造型有单层翘尾、多层翘尾、时尚侧飞式、羽毛式等。

短碎:头发大部分长度约5厘米,刘海位于前额,有鬓角,后部和发际线齐平。流行的造型有:模糊型短碎、轮廓型短碎、均等型短碎、时尚个性露耳短碎等。

毛寸:头发大部分长度约3厘米,有刘海,有鬓角,后部和发际线齐平。

刺猬:头发大部分长度不超过3厘米,刘海和大部分头发形成一个整体,无鬓角,后部和发际线齐平。

### 二、边沿高层次碎发修剪步骤

(1)将所有头发分区,从后颈部开始修剪;将正中线上的发片水平拉出,然后垂直修剪。

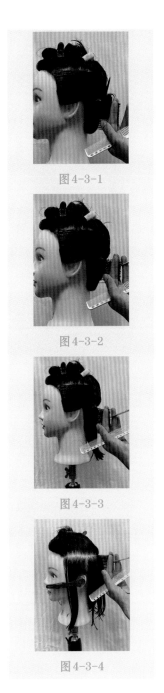

图4-3-1

(2)依序向前剪去。以图4-3-1的发长为基准,所有发片水平拉出后垂直修剪,长度与图4-3-1相同。

图4-3-2

(3)接着修剪上一层的发片,与后颈部的剪法相同。

图4-3-3

(4)依序剪到耳后,将发片水平拉出,然后垂直修剪。

图4-3-4

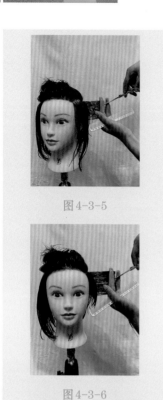

图4-3-5

（5）接着修剪从耳后至前方的发片，将发片往侧边水平拉出，以图4-3-4的发长为基准做修剪。

图4-3-6

（6）依序向前剪去，拉发片的方式同前一步，将长度全部修剪至相同。

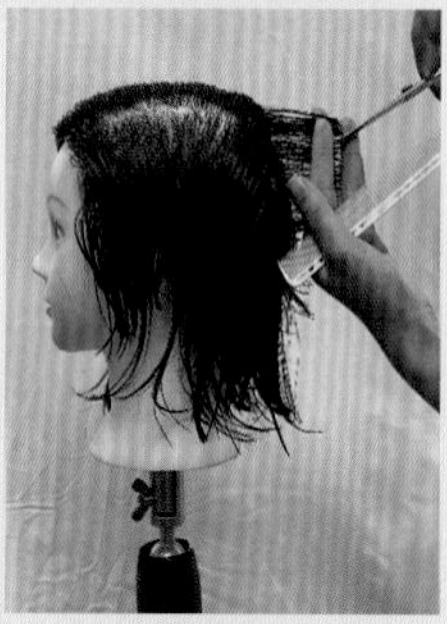

图4-3-7

（7）接着修剪更上一层的发片，方法与修剪下层发片时相同，将发片水平拉出，然后垂直修剪。

图4-3-8

（8）依序渐渐向耳后的发片剪去，将发片往侧边水平拉出，并将长度全部修剪至相同。

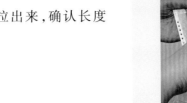

（9）不时要将旁边的发片拉出来，确认长度都是相同的。

图4-3-9

（10）从耳后的发片开始向前剪去，将发片水平拉出，以图4-3-8的长度为基准垂直修剪。

图4-3-10

（11）依序渐渐向前方的发片剪去，将发片往侧边水平拉出，并将长度全部修剪至相同。

图4-3-11

（12）接着修剪头顶的发片，将发片拉到正上方，以下方的发片长度为参考剪出适合的发长。

图4-3-12

图 4-3-13

（13）慢慢向前方的发片剪去,将发片拉到正上方,以后方发片长度为参考剪出适合的发长。

图 4-3-14

（14）向前方的发片剪去,将发片拉到正上方,以后方发片长度为参考剪出适合的发长。这时要注意靠前方的发片要稍微往后拉再做修剪。按照(1)~(14)的步骤,修剪另一边发片。

图 4-3-15

（15）修剪刘海。首先确定中间(正中线上)的发长,将刘海向前水平拉出,进行修剪。

图 4-3-16

（16）将刘海部分的发片全部向前水平拉出,进行修剪。

（17）将前方头顶的发片集中到与图4-3-16
相同的位置,平行修剪。

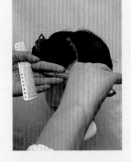

图4-3-17

（18）要注意刘海与头顶交界之处的发片,如
果有特别凸出的要修剪掉。

图4-3-18

（19）修剪完成（吹干前）,可见方形层次
效果。

图4-3-19

（20）吹干后,修剪发尾。将上方的发片往旁
边拉出来修剪,注意不要破坏发尾的线型,将发
尾长度修剪至一致。

图4-3-20

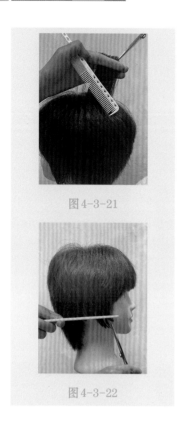

图4-3-21

（21）发片间进行检查式修剪。

（22）将头发梳理整齐，将发尾线修剪至完美。

图4-3-22

（23）完成图。

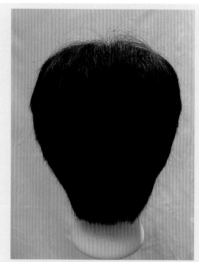

图4-3-23

## 任务实施

　　小组合作准备边沿高层次碎发修剪所需工具及产品,组员独立完成边沿高层次碎发修剪及造型。

## 任务评价

任务评价卡

| | 评价内容 | 分数 | 自评 | 他评 | 教师点评 |
|---|---|---|---|---|---|
| 1 | 能正确准备边沿高层次碎发修剪工具及产品 | 10 | | | |
| 2 | 能正确使用边沿高层次碎发修剪手法 | 10 | | | |
| 3 | 能按照标准完成边沿高层次碎发修剪及造型 | 10 | | | |
| | 综合评价 | | | | |

## 模块习题

### 一、单项选择题

1.( )是头发大部分长度约20厘米,刘海完全盖住眼睛,头发自然下垂接近嘴巴,鬓角发长约到下巴,后部已盖住脖子的碎发。

    A.长碎         B.毛寸         C.短碎         D.中碎

2.( )的头发大部分长度约3厘米,有刘海,有鬓角,后部和发际线齐平。

    A.长碎         B.毛寸         C.短碎         D.中碎

3.( )头发大部分长度不超过3厘米,刘海和大部分头发形成一个整体,无鬓角,后部和发际线齐平。

    A.中碎         B.毛寸         C.短碎         D.刺猬

### 二、判断题

1.碎发为发型的一种,常常被分为中碎、长碎、短碎、毛寸等。     ( )

2.碎发造型可以将头部后面不太平整的男生、女生的头部修饰得更饱满。

                                             ( )

3.碎发简单来说就是把头发剪得长短不一。     ( )

4.低层次的特点是,可以削减发量,使头发在相互重叠中表现出发型的轻盈感、动感以及圆润感。     ( )

5.长碎:头发大部分长度约5厘米,刘海位于前额,头发长度至稍遮住眉毛,有鬓角,后部和发际线齐平。     ( )

## 三、综合运用题

1.简述边沿低层次碎发修剪的特征。

2.边沿高层次碎发修剪有几类?

## 模块五 女士高层次发型修剪

# 学习目标

### 知识目标

1.了解高层次超短发碎发、高层次短发碎发、高层次中发碎发的特点和适合人群。

2.知道高层次超短发碎发、高层次短发碎发、高层次中发碎发的修剪手法与步骤。

### 技能目标

1.能独立完成高层次超短发碎发、高层次短发碎发、高层次中发碎发的修剪。

2.能根据客户的个人特点和基础发型选择不同的修剪手法并和客户良好沟通。

### 素质目标

1.培养审美和人文素养,形成诚实守信、热爱劳动的品质。

2.理解并逐步形成敬业、精益、专注、创新的工匠精神。

# 任务一　高层次超短发碎发修剪

## 任务描述

杰克是理发店的理发师,一位顾客来到店里要杰克为她设计一款生活时尚发型,要简单、时尚。

## 任务准备

1.准备高层次超短发碎发修剪所需工具及产品。

2.准备高层次超短发碎发修剪的操作步骤图。

## 相关知识

### 一、高层次短发碎发

高层次的发型是上短下长的样子,在女士发型中高层次发型表面的纹理看起来十分活泼,呈拉长的椭圆形或三角形。高层次发型因为上面的头发重量轻,所以容易蓬松起来。

### 二、高层次超短发碎发修剪步骤

（1）从头顶往额头两边做八字形分区,从正中线上,用正梳法拉出偏纵向的发片进行刘海修剪;修剪时发片与地面平行,头发长度大约3厘米。

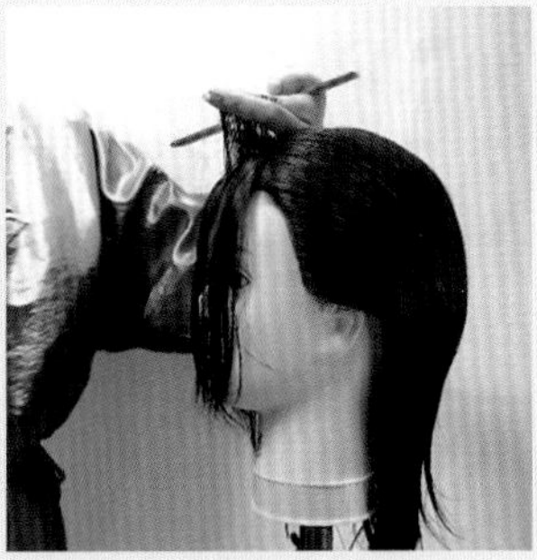

图5-1-1

105

图 5-1-2

（2）刘海完成，继续依序进行八字形分区并往两侧剪，前发全部以相同方式修剪。剪完之后，前方会像图 5-1-2 所示，呈现圆弧线条。

图 5-1-3

（3）先在侧中线上做分线，然后分成两个分区。第一片发片，从头顶和额角之间的连线上取，用正梳法拉出，以（2）为基准剪入高层次。

图 5-1-4

（4）侧发在侧中线之前的第一个分区完成。

图 5-1-5

（5）继续顺着头形弧度取纵向发片，边剪边往正中线的方向移动。

（6）接下来上方的第二个分区，延续（5）的方式取发片，稍微往前方拉，以（4）为基准，剪入高层次。

图5-1-6

（7）做出发际线周围发尾的柔和感。

图5-1-7

（8）侧中线之前完成。

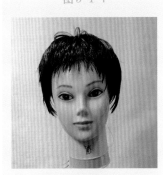

图5-1-8

（9）第一层完成。

图5-1-9

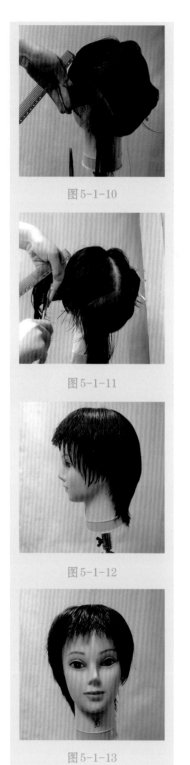

图 5-1-10

图 5-1-11

图 5-1-12

图 5-1-13

（10）侧中线之后的部分，取和发际线平行的分区线，发片拉出时与地面平行，以侧面的长度为基准，剪除后颈偏长的部分。

（11）就这样继续移动，后侧发片全部拉到（10）的位置修剪。

（12）剪出前发短、颈部超长的轮廓线。

（13）后侧部分完成。

图 5-1-14

（14）完成后方的基准线。

图 5-1-15

（15）开始剪后发，从后方正中线上做八字分区，发片拉出时与分线垂直，长度大约在颈部2厘米处，剪入与分区线平行的低层次，依序向上剪，全部剪成这个长度。

图 5-1-16

（16）第一层用 V 字形分区取发。

图 5-1-17

（17）接下来，从中心取 V 字形分区，发片拉出时，与 V 字形分线垂直，剪出与分线平行的高层次。

图 5-1-18

图 5-1-19

图 5-1-20

图 5-1-21

图 5-1-22

（18）V字形分区完成,留住发际线长度的同时,也做出后头部的立体弧度。

（19）继续取V字形分区,往步骤(15)最短的地方剪,不过要留住耳后从发际线往上2.5厘米部分。修剪时要记住,重心在后头部正中间。

（20）刚才留下的耳后部分,取和发际线垂直的分区,发片垂直拉出,剪入高层次。注意靠近发际线的部分不要剪。

（21）从正中线部分进行八字形分区,往后颈的方向,再次剪入高层次。虽然是往前剪,但是修掉发际线残留的角,就可以不用削发,也能去掉发尾的厚度。

（22）最后修掉头顶的角,菱形分区进行检查式修剪。

（23）湿剪完成。

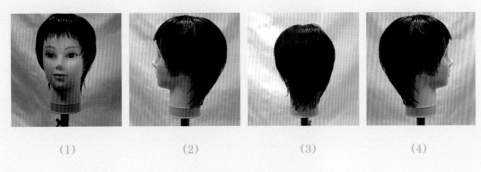

(1)　　　　　　(2)　　　　　　(3)　　　　　　(4)

图 5-1-23

## 任务实施

小组合作准备高层次超短发碎发修剪所需工具及产品，组员独立完成高层次超短碎发修剪及造型。

## 任务评价

任务评价卡

| | 评价内容 | 分数 | 自评 | 他评 | 教师点评 |
|---|---|---|---|---|---|
| 1 | 能正确准备高层次超短发碎发工具及产品 | 10 | | | |
| 2 | 能正确使用高层次超短发碎发修剪手法 | 10 | | | |
| 3 | 能按照标准完成高层次超短碎发修剪及造型 | 10 | | | |
| | **综合评价** | | | | |

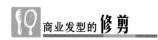

# 任务二　方形层次短发碎发修剪

## 任务描述

杰克是理发店的理发师，一位顾客来到店里要杰克为她设计一款生活时尚发型，要简单、时尚。

## 任务准备

1.准备方形层次短碎发修剪所需工具及产品。

2.准备方形层次短碎发修剪的操作步骤图。

## 相关知识

### 一、方形层次短发碎发修剪

方形层次短发其实就是将短发修剪到枕骨位置，从后面看上去发型轮廓显得很圆润，整体造型极其清爽利落。方形层次短发发型主要有露耳短发、碎刘海短发、短碎发、层次感短发、露额短发、凌乱感短发、中性短发、超短发。方形层次发型的典型特点：发型内部有重量角。

## 二、方形层次短发碎发修剪的操作步骤

（1）以黄金点和耳后的连线来分出前后。

图5-2-1

（2）后方以颈窝上方骨来分出上下。

图5-2-2

（3）从后方往左前修剪。沿着头部的圆弧，梳引头发到自然落下的位置，和（2）做连接水平裁剪。

图5-2-3

（4）以同样的方式，裁剪至左端，在自然落下的位置直线裁剪至齐长。

图5-2-4

113

图 5-2-5

图 5-2-6

图 5-2-7

(1)　　　　(2)

图 5-2-8

（5）右侧也同样，梳引至自然落下的位置，水平裁剪。

（6）长度设定完成。

（7）做出方形层次的基准。重新设定后方点，将黄金点的头发落在此高度裁剪。

（8）随着（7）确定的重心，在后方第一层加入层次；在后方左边划出纵向分线，往后方中心且与地面平行拉出发片裁剪。

（9）往左边移动，在（8）的左边取出纵向分线，将发片往正后方且与地面平行拉出，以（8）为基准来裁剪。

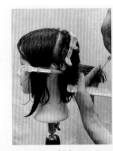 

（1）　　　　　（2）

图 5-2-9

（10）以同样的方式，在（9）的左边取出纵向分线，将发片往正后方且与地面平行拉出，以（9）为基准来裁剪。

（1）　　　　　（2）

图 5-2-10

（11）以同样的方式，在（10）的左边取出纵向分线，将发片往正后方且与地面平行拉出，以（10）为基准来裁剪。

（1）　　　　　（2）

图 5-2-11

（12）第5分线要裁剪至耳后的发际线，从前一发片（第4分线）裁剪的位置与地面平行拉出，以（11）为基准来裁剪。

图 5-2-12

图 5-2-13

图 5-2-14

（1）　　　　　（2）

图 5-2-15

图 5-2-16

（13）右侧也同样，从后方按照顺序，取出纵向分线来加入层次。第1分线是往后方中心且与地面平行拉出裁剪。

（14）第2分线以后，将分线往正后方且与地面平行拉出，各自以前1分线为基准来裁剪。

（15）注意，第5分线是在裁剪第4分线位置的后方拉出裁剪。

（16）在后方第1层加入方形层次，做出稍微逆斜的层次。

（17）从第二分区点分出第2层。在中央的左方取出纵向发片，往后方中心且与地面平行拉出，与下方连接裁剪。

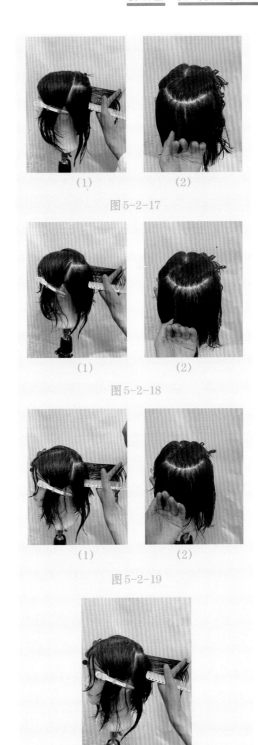

（1）　　　（2）

图5-2-17

（18）往左移动，在（17）左方取出纵向分线，往前1分线且与地面平行拉出，以（17）为基准来裁剪。

（1）　　　（2）

图5-2-18

（19）往左移动，取出纵向分线，往前1分线且与地面水平拉出，以（18）为基准来裁剪。

（1）　　　（2）

图5-2-19

（20）以同样的方式往左移动。取出纵向分线，往前1分线且与地面平行拉出裁剪。

图5-2-20

图 5-2-21

图 5-2-22

图 5-2-23

图 5-2-24

（21）以同样的方式，在第6分线要裁剪至侧中线位置。

（22）右侧的裁剪方式与（17）~（21）同样。在中心右边取纵向分线，往前1分线且与地面平行拉出，从下层（13）做连接。

（23）往右边移动。第2分线之后，往前1分线且与地面平行拉出，以前1发片为基准来裁剪。

（24）到第5分线也是以同样的方式进行。

（25）第6分线要裁剪至侧中线。

图5-2-25

（26）后方第2层加入方形层次。

（1）　　　　　　（2）

图5-2-26

（27）在第3层要裁剪至1分线
的侧中线。以（7）裁剪的黄金点为
基准,从下层（17）做连接。

图5-2-27

（28）以黄金点为起点,在中心
线左边取出分线。往后方中心且与
地面平行拉出,以（27）的角度来
裁剪。

（1）　　　　　　（2）

图5-2-28

119

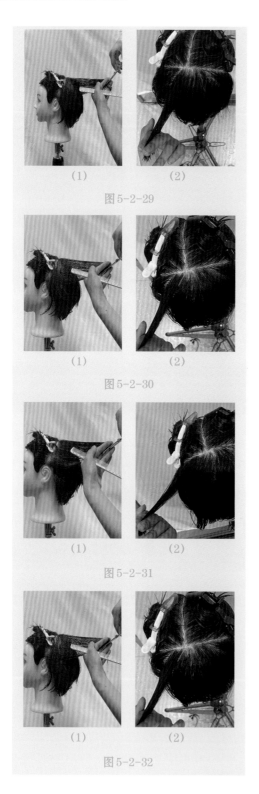

（1）　　　　　　（2）

图5-2-29

（1）　　　　　　（2）

图5-2-30

（1）　　　　　　（2）

图5-2-31

（1）　　　　　　（2）

图5-2-32

（29）以黄金点为起点，以放射状的分线往左方移动，往前1分线且与地面水平拉出，以（28）为基准来裁剪。

（30）以同样的方式往左边移动。取出放射状分线，往前1分线且与地面水平拉出，以前1发片为基准来裁剪。

（31）第5分线要裁剪至侧中线。

（32）右侧也和左侧（27）~（31）相同。

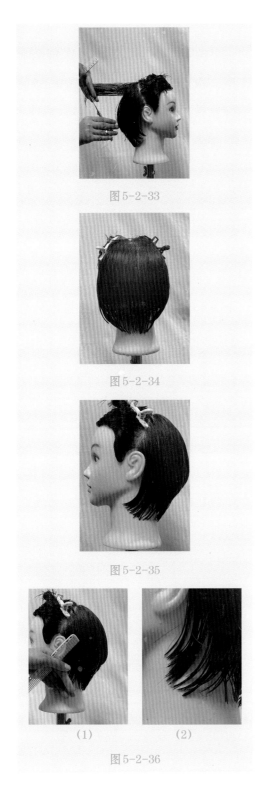

图 5-2-33

图 5-2-34

图 5-2-35

| (1) | (2) |
|---|---|

图 5-2-36

（33）从黄金点取出放射状发片，往右边移动。各自往前1分线且与地面平行拉出后，以前1发片为基准来裁剪。

（34）以与（33）同样的方式往右边移动。

（35）在后方加入方形层次。

（36）后面的方形层次是因为从两侧往后方拉出裁剪的，所以耳后会保留适宜长度。

（37）将耳后发片与侧中线平行梳引，将打乱外部线条的（36）修剪掉。

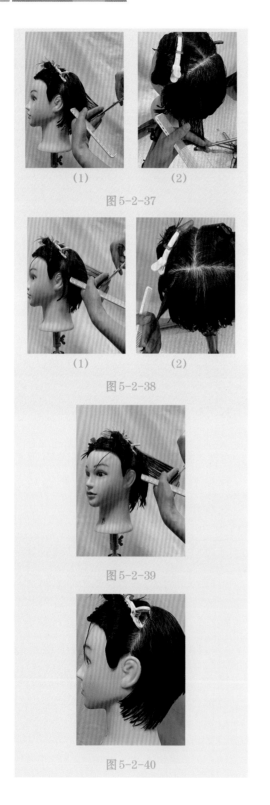

图5-2-37

图5-2-38

图5-2-39

图5-2-40

（38）接下来，修剪掉耳后的厚度。取出与从颈侧点到侧中线平行的分线，以正梳法拉出来修剪切口。

（39）以和侧中线平行的分线往上方移动，同样以正梳法拉出修剪切口。

（40）最后，往侧中线位置拉出，以同样的方式修剪。

（41）将耳后的外部轮廓修剪后，轮廓就变得细长；右侧也以同样的方式修剪。

（42）侧边是由额角分出上下。在下层后方取出发片，和（40）的发片一起往侧中线以水平拉出，以（40）为基准来裁剪。

图5-2-41

（43）往前方移动。取出与侧中线平行的发片，和第1分线（42）一起往侧中线以水平拉出，以第1分线为基准来裁剪。

（1）　　　　　　　（2）

图5-2-42

（44）往前方移动。取出与侧中线平行的发片，和第1分线（42）、第2分线（43）一起往侧中线以水平拉出，以（42）（43）为基准来裁剪。

（1）　　　　　　　（2）

图5-2-43

（45）以同样的方式，到第5分线要裁剪至发际线，全部都是拉至侧中线做裁剪。

（1）　　　　　　　（2）

图5-2-44

（1）　　　（2）

图5-2-45

（1）　　　（2）

图5-2-46

（1）　　　（2）

图5-2-47

（1）　　　（2）

图5-2-48

（46）往上层移动。和下层（42）相同，从后方取出发片后，往侧中线以水平拉出，以（40）为基准并连接（42）来裁剪。

（47）从黄金点以放射状取出发片，往前方移动。和第1分线（46）一起往侧中线以水平拉出，以第1分线为基准来裁剪。

（48）以同样的方式，以放射状发片往前方移动，全部都是往后方拉至侧中线做裁剪。

（49）以同样的方式往前方移动。

（50）在第6分线要裁剪至前额中央，同样往后方拉至侧中线加入层次。

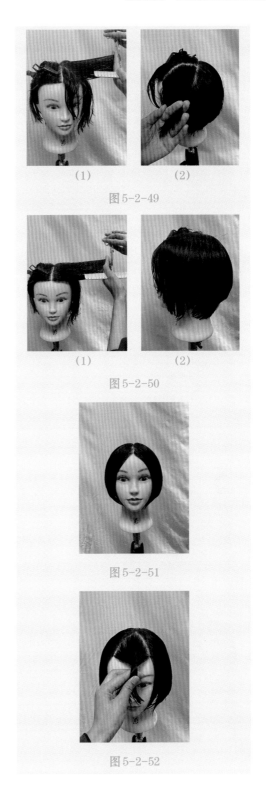

（1）　　　　　　（2）

图 5-2-49

（51）在侧边加入方形层次。因为是往后方拉出裁剪，所以外部轮廓和层次都会呈现逆斜。右侧也以相同方式裁剪。

（1）　　　　　　（2）

图 5-2-50

（52）在前额分区加入方形层次的状态下，脸部周围会太厚重。因此，要从前方开始加入层次。

图 5-2-51

（53）从顶点到前额角划线分出刘海。

图 5-2-52

图 5-2-53

图 5-2-54

图 5-2-55

图 5-2-56

（54）将脸左侧发际线的发片平行取出，以和刘海区域平行的角度往正前方拉出，与地面垂直裁剪。

（55）在脸部周围加入蓬松感。

（56）后方修剪时到达（54）裁剪位置为止。

（57）右侧也同样，在脸部周围加入层次。

（58）做出左侧的刘海。将（53）的基底以从骨骼凸出点到前额中心的连接线分开，与侧边分线平行拉出后，与分线平行裁剪。将左侧和（54）的脸部周围做连接。

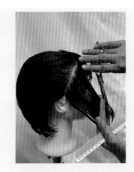

图5-2-57

（59）第2、3分线也是和（52）平行分开后，在相同位置裁剪。因为会裁剪成右边较长、左边较短的效果，所以流向是由左向右。

图5-2-58

（60）右侧以骨骼凸出点和黑眼球内侧的延长线分开，与侧边分线平行拉出后，与分线平行裁剪。这里也是和（57）裁剪的脸部周围头发做连接。

图5-2-59

（61）第2分线也在相同位置做裁剪。

（1）　　　　　　（2）

图5-2-60

（1）　　　　　（2）

图 5-2-61

（1）　　　　　（2）

图 5-2-62

（1）　　　　　（2）

图 5-2-63

（1）　　　　　（2）

图 5-2-64

（62）最后，将刘海整体往正面梳引后，将角度修剪成圆弧。

（63）在上方分区加入圆形层次，让轮廓更加圆润。在侧中线前方取出横向发片，垂直拉出后水平裁剪。

（64）往前方移动。取出和（63）平行的分线，在和（63）相同的位置裁剪。

（65）第3分线也同样拉出到裁剪第1分线的位置裁剪。

（66）在第4分线要裁剪至发际线。同样集中到裁剪第1分线的位置做裁剪。

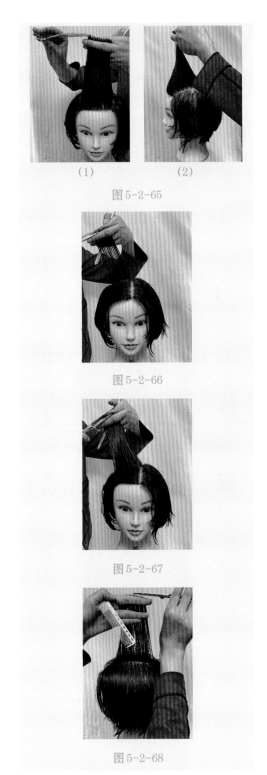

（1）　　　　（2）

图 5-2-65

（67）将在中央区域加入的层次往左右边连接。在（63）的右边取出发片，与头皮垂直拉出，将角度修剪掉。

图 5-2-66

（68）到发际线都是以同样的方式进行。左侧也相同。

图 5-2-67

（69）将在前额加入的圆形层次往侧边做连接。在顶部取纵向分线往正上方拉出，以前额的延长线来裁剪刘海。

图 5-2-68

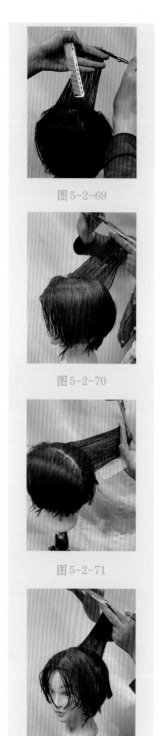

图 5-2-69

图 5-2-70

图 5-2-71

图 5-2-72

（70）接下来，将从顶点到黄金点的头发与头皮垂直拉出，裁剪成圆弧。

（71）与额角垂直拉出发片，裁剪成圆弧。

（72）将在中央加入的层次往左右边连接。从侧中线与中心线交点取出放射状发片，以正梳法拉出后，以中心为基准来裁剪。

（73）同样的，以放射状取出发片后，裁剪至侧中线。

图 5-2-73

（74）右侧也同样以放射状取出发片后，将中心的层次往右边扩展。

（75）交叉修剪。在后方取出和发际线平行的斜向分线，以正梳法拉出后修剪切口。

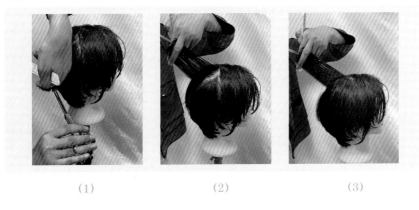

（1）　　　　　　　　（2）　　　　　　　　（3）

图 5-2-74

（76）湿剪完成。

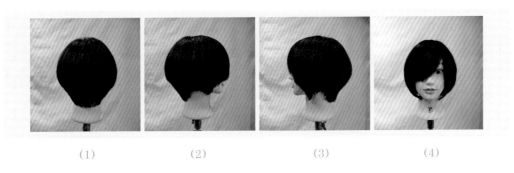

（1）　　　　　（2）　　　　　（3）　　　　　（4）

图 5-2-75

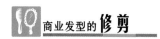

## 任务实施

　　小组合作准备修剪方形层次短发碎发所需工具及产品,组员独立完成修剪方形层次短发碎发修剪及造型。

## 任务评价

任务评价卡

| | 评价内容 | 分数 | 自评 | 他评 | 教师点评 |
|---|---|---|---|---|---|
| 1 | 能正确准备方形层次短发碎发修剪工具及产品 | 10 | | | |
| 2 | 能正确使用方形层次短发碎发修剪手法 | 10 | | | |
| 3 | 能按照标准完成方形层次短发碎发修剪及造型 | 10 | | | |
| | **综合评价** | | | | |

# 任务三　高层次+均等中发碎发修剪

## 任务描述

　　杰克是理发店的理发师,一位顾客来到店里要杰克为她设计一款生活时尚发型,要简单、时尚。

## 任务准备

　　1.准备高层次+均等中发碎发修剪所需工具及产品。

　　2.准备高层次+均等中发碎发修剪的操作步骤图。

## 相关知识

### 一、高层次中发碎发修剪

　　不管短发还是长发,有层次感的发型看起来会更有空气感。刘海的层次能够修饰额头的缺陷,中间的刘海短一些,两边的刘海长一些,这样的层次比齐刘海要更自然些。侧边的层次要和刘海有一个很好的连接,从太阳穴一直延伸到下颌线,这条线一定要有层次感,层次要根据脸型依次递减,不要长度都一样,否则会显得很厚重,这样的发型层次在自然状态下才最好看,这就是"中发碎剪"的层次。

## 二、高层次+均等中发碎发修剪

图5-3-1

图5-3-2

图5-3-3

图5-3-4

（1）以5∶5的分法，取颈侧的等层次轮廓线，长度到锁骨附近的位置，在等层次上剪入小锯齿。

（2）从发际线2厘米后到耳前的这两点取分区，从中间分区开始，将发片平行拉出，剪入大高层次。

A：第1层是大高层次+大高层次的组合。

（3）之后上方分区也一样，发片拉出平行分区线，剪入大高层次。

图 5-3-5

（4）第2层，从第1层还更往内2厘米到耳后的两点内取分区，发片稍微向上拉，以 A 为基准来剪。

图 5-3-6

B：第2层完成。脸周头发变成大幅度倾斜的正斜。前面剪到这里为止。

图 5-3-7

（5）下面的发片剪法和（3）一样。

图 5-3-8

（6）从后面开始剪。从黄金点到侧中线的这两点内取分区，在后中心点从黄金点到最高点前方2厘米的范围内取纵向发片，剪入均等层次。

C：后面的第1层完成。因为是大高层次+均等层次的构造，所以变成相当平坦的形状。

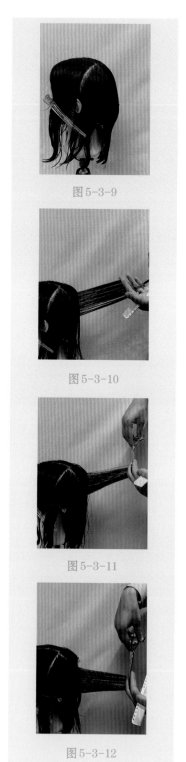

图5-3-9

（7）下面的中间分区至下方分区，发片向上拉，剪入均等层次；颈窝下方的头发不修剪。

图5-3-10

（8）从第2层开始，慢慢变成斜向分区。从黄金点到颈侧上方2厘米的这两点取分区线，上面的发片稍微向上、向后拉，剪的时候以C为基准。

图5-3-11

（9）下面的也要稍微向上拉，修剪时以C为基准。

图5-3-12

图 5-3-13

D:下面的发片剪的时候向上、向后拉,后面到此为止。

图 5-3-14

（10）第4层。从黄金点和侧中线这两点取斜向分区线。这边的第一层发片要分成3部分来剪。头顶分区的发片向上拉,以前面的发片为基准,剪的时候发片向后拉。

图 5-3-15

（11）第5层。从黄金点上方2厘米和枕骨这两点连线取分区线,发片剪的时候向上、向后拉。

图 5-3-16

（12）往侧面移动,发片还是向上拉,不过向后拉的角度慢慢变小。第6层也以同样方式来剪。

（13）第7层,侧面最后一层分区。发片垂直向上拉,连结脸周的层次。这边剪入的不是大高层次而是比较偏向均等层次。

图5-3-17

图5-3-18

（14）最后的发片剪的时候往另一边拉,剪入高层次让头顶有重量感。

（15）另一边剪法也一样。不过因为是头发较少的那一边,分线上的发片用正梳法拉出,剪入均等层次,和头发较多的那边连接。

（16）湿剪完成。

图5-3-19

| （1） | （2） | （3） | （4） |

图5-3-20

（17）完成图。

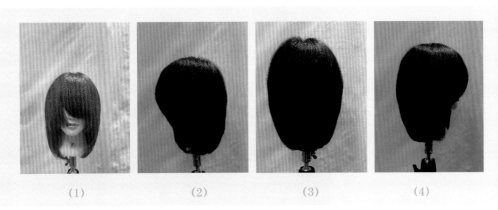

| (1) | (2) | (3) | (4) |

图5-3-21

## 任务实施

小组合作准备高层次+均等中发碎发修剪所需工具及产品,组员独立完成高层次中发碎发修剪及造型。

## 任务评价

### 任务评价卡

| | 评价内容 | 分数 | 自评 | 他评 | 教师点评 |
|---|---|---|---|---|---|
| 1 | 能正确准备高层次+均等中发碎发修剪工具及产品 | 10 | | | |
| 2 | 能正确使用高层次+均等中发碎发修剪手法 | 10 | | | |
| 3 | 能按照标准完成高层次+均等中发碎发修剪及造型 | 10 | | | |
| | **综合评价** | | | | |

# 模块习题

## 一、单项选择题

1.(　　)短发其实就是将短发修剪到枕骨位置,从后面看上去发型轮廓显得很圆润,整体造型极其清爽利落。

A.高层次　　　　　　B.0层次　　　　　　C.低层次　　　　　　D.堆积层次

2.(　　)短发发型主要有露耳短发、碎刘海短发、短碎发、层次感短发、露额短发、凌乱感短发、中性短发、超短发。

A.高层次　　　　　　B.0层次　　　　　　C.低层次　　　　　　D.堆积层次

## 二、判断题

1.高层次的发型是上短下长的样子,在女士发型中高层次的发型表面的纹理看起来十分活跃,是拉长的椭圆形或三角形。　　　　　　　　　　　　　　(　　)

2.高层次的发型因为上面的头发轻重量大所以就容易蓬松起来。　　　(　　)

## 三、综合运用题

什么是高层次短碎发?